U0339906

QED:
光和物质的奇妙理论

Richard P. Feynman

[美] 理查德·费曼●著

徐一鸿●序 张钟静●译

湖南科学技术出版社

图书在版编目（CIP）数据

QED：光和物质的奇妙理论 / （美）理查德·费曼著；张钟静译. —— 长沙：湖南科学技术出版社，
2019.7（2022.6 重印）（走近费曼丛书）（2024.11 重印）
书名原文：QED: The Strange Theory of Light and Matter
ISBN 978-7-5710-0014-1

Ⅰ.①Q… Ⅱ.①理… ②张… Ⅲ.①量子电动力学 — 普及读物 Ⅳ.① O413.2-49
中国版本图书馆 CIP 数据核字 (2018) 第 274066 号

QED: The Strange Theory of Light and Matter
Copyright © Richard P. Feynman，1985
All Rights Reserved

湖南科学技术出版社通过博达著作权代理有限公司独家获得本书简体中文版中国大陆出版发行权
著作权合同登记号：18-2015-106

QED：GUANG HE WUZHI DE QIMIAO LILUN
QED：光和物质的奇妙理论

著者
[美] 理查德·费曼

翻译
张钟静

出版人
潘晓山

责任编辑
吴炜　孙桂均　李蓓

书籍设计
邵年

出版发行
湖南科学技术出版社

社址
长沙市芙蓉中路一段416号
泊富国际金融中心
http://www.hnstp.com

湖南科学技术出版社
天猫旗舰店网址
http://hnkjcbs.tmall.com

邮购联系
本社直销科 0731-84375808

印刷
长沙市宏发印刷有限公司

厂址
长沙市开福区捞刀河大星村343号

邮编
410153

版次
2019 年 7 月第 1 版

印次
2024 年 11 月第 6 次印刷

开本
880mm×1230mm　1/32

印张
5.5

字数
137000

书号
ISBN 978-7-5710-0014-1

定价
48.00 元

（版权所有·翻印必究）

目 录

序

徐一鸿（A.Zee）
2006年

我们是怎样终于认识了光，这个故事的演进简直就是一出充满了命运的纠结、曲折和逆转的扣人心弦的活剧。

光子，在所有基本粒子中是最可见的：试想在一个晴天，你置身于一个灰尘弥漫而开着一扇小窗的房间，盯着一大群小灰尘颗粒满屋子乱飞乱舞。牛顿很自然地认为，光是由粒子（"微粒"）流组成的。但他对此已经有一些怀疑；甚至就在17世纪，光的衍射也已经能够很容易地被观察到。最终，衍射和其他现象看来毫无疑问地表明光是一种电磁波。19世纪物理学的那座丰碑——麦克斯韦电磁学方程组——阐明了光完完全全就是一种波。接着，爱因斯坦出现了，他以光是小能量包（量子）之总和的假设解释了光电效应。这样，"光子"这个词和光的量子理论诞生了。（这里，我就不再离开主题去回顾爱因斯坦那著名的对量子力学的不待见，尽管他曾为量子力学的诞生助产过。）20世纪20～40年代那段时间，物理学家们彻底弄清楚了物质（"大量原子"）的量子行为。而光的量子行为和光与电子的相互作用是更大的难题，困扰着像保罗·狄拉克和恩里科·费米这样最棒的、最聪明的著名人物。物理学不得不悲喜交加地等待三位年轻人——费曼、施温格和朝永振一郎，因为根据他们在第二次世界大战时的经验，这种情况很可能会产生出量子电动力学（亦称QED）正确的系统阐明。

理查德·费曼（1918—1988）不仅是一位杰出的物理学家，他还是个非同寻常的人物，那股其张扬的个性在理论物理学界可以说是空前的，此后也还没有同类。理论物理学家们偶尔也消磨一点悠闲的时光来比较费曼和施温格的贡献，他们俩都是来自纽约的犹太好男孩，刚好又几乎是同龄。这些比较没什么意义，也没什么目的；不过有一点倒是事实，即朱里安·施温格是个羞涩的腼腆谦和的人（不过藏在他冷淡外表后面的是一副很温暖很善意的好心肠）；而迪克·费曼（Dick是费曼的昵称——译注）则性格极其外向，天生一个传奇人物的坯子。他的手鼓，他的秀女郎，他的由大批崇拜者热情培育起来的相当有文化品位的其他一些标志性的偶像特征形象，使得费曼毫无疑问地成为仅次于爱因斯坦的最受爱戴的理论物理学家。

才华横溢的苏俄物理学家列夫·朗道曾为理论物理学家的高下排行制作了一个著名的对数标度尺，爱因斯坦高居榜首。大家也都知道，朗道在系统阐释相变理论之后把他自己提升了半步。我则有我自己的标度尺——作为一个消遣吧，把我所知道的理论物理学家或按容貌风度，或按精神气质做了个排序。哦，这是真的：很多理论物理学家单调乏味得要命，令人生厌得就像刷碗水，在我的这个对数标度尺上他们接近于负无穷。我把薛定谔（关于他，我们后面还要谈到）标在最高点，费曼无悬念地紧随其后。我不能告诉你我把自己置于这个标度尺之何处，但可以说在可供我支配运用的天资和能力范围内，我确实尽最大可能地去寻开心找乐趣。

但是，费曼是何等有趣之人！在我开始工作之初，费曼约我和他一起去夜总会。费曼的一个同事告诉我，这个邀请表明费曼是很认真地把我当作一个物理学家看待了，但当我热切地告诉他我关于杨-米尔斯理论的想法时，他却只想听我对于台上正在跳舞的女孩儿的大腿有什么评论。当然，根据英雄崇拜心理学，没有人会对一个玩手鼓、喜欢秀女郎的物理学家汉子发出两种不同的声音，给出两个不一致的看法。那么，好！我的衡量物理学家的标度确确实实就是：他有多么有趣好玩乘以他的天赋才华——朗道的标度尺有他好玩的成分在里面，如爱因斯坦的股票下跌而他朗道的股票上涨（朗道很喜欢开点玩笑搞点恶作剧，直到他被克格勃给抓起来）。

现在，距那次夜总会共赏节目大约30年之后，普林斯顿大学出版社的Ingrid Gnerlich竟要求我为费曼的名著《QED：光和物质的奇妙理论》2006年版写个引言，这让我感到非常荣幸。首先我要坦言：此前我从未读过《QED》。在这本书1985年出版时，我刚刚完成我的第一本物理学普及读物 *Fearful Symmetry*（《可怕的对称》，有中文译本——译注）。我多多少少认同这样一个策略，即不读他人写的物理学普及书，以免我的风格受到他们的影响。这样，我以清新的眼光和深深赞赏的态度读了Ingrid寄来的《QED》。我立刻就喜欢上了这本书，边读边记下来我的想法和评价。

早先没读这本书真是个错误，因为它不是通常意义上的物理学普及读物。1984年斯蒂芬·温伯格曾建议我写一本通俗物理书，并安排我和他的编辑在纽约见面，他还给了我一个有用的忠告。他说，很多写这类书的物理学家都禁不住力图对有关的一切做出解释；而外行们想要的不过是一个理解的假象，他们只想抓住几个似是而非全无意义的词语，好在鸡尾酒会上到处播撒以显摆自己懂行而已。

我想温伯格这个话虽然有点尖刻，但大体上是对的。大家都见证了霍金的《时间简史》的巨大成功（依我上面讲的策略，这本书我也一直没有读）。我在加州大学过去的同事、现在在牛津大学执教的一位卓越的物理学家，一次他给我看《时间简史》那本书里的一句话。我们俩一起努力咂摸这句话，想揣摩出个讲得通的意思来，却到底还是不知所云。与这种情况相比照，我想让所有感到困惑的读者放心，费曼这本书虽然看起来异乎寻常到了极致，但其中所有句子的意思都清楚明白。不过对每句话你都必须认真仔细地琢磨，努力弄懂费曼在说什么，再往下读。否则，我保证你会绝望地败下阵来。此书讲的是奇特的、与众大不相同的物理，而不是做一般的陈述。毕竟，书名已经做出了承诺，给读者讲一个"奇妙的理论"。

　　费曼就是费曼！他写书所选择的路子与温伯格给我的忠告（顺便说一句，我也并没完全按他的建议去做；见下面我关于群论的说明）完全相反。在书的"致谢"部分费曼谴责有的物理学通俗读物"看起来相当简洁，只是由于它们所写的东西与它们声称要写的是两码事，它们对于声称在写的东西作了相当大的歪曲"。与之不同，费曼向自己提出了挑战：为外行读者不走样地、不"对真理作任何歪曲"地讲解QED。这样，你们就不应该把这本书当成标准的物理学普及书。它也不是教科书。它是一个珍稀的混血儿。

　　为了解释这是哪种类型的书，我将运用费曼自己做的（我只稍加修改）类比。根据费曼的说法，要学习QED，你有两个选择：或者去完成7年的物理专业教育，或者读这本书。（他这个7年的数字可能有点夸大；如今一个聪明的中学毕业生在适当的指导下用不了7年就能做到。）其实，也不是真让你去做个什么抉择，对吧？当然你应该选择读这本书！即使你像我所建议的那样，把所有的句子都仔细抠明白了，也花不了你7周的时间，更不用说7年了。

那么，这两种选择不同在哪里呢？现在来看我的版本的类比：一个玛雅高级神父宣布，他收些学费就可以教你（玛雅社会里的一个普通人，叫Joe或Jane）如何将两数相乘（如564乘以263）。他让你记住九九表，然后告诉你看这两个数最右边你须把它们先乘起来的两个数字，即4和3，他再让你说在九九表的第4行第3列的数是什么。你说12。然后，你要学到的是，你应该写下2并且"进"1（不管它意味着什么）。接着，你要说出第6行第3列的数，即18。他会告诉你将此数加上你刚刚进位的那个数。当然，你还必须再花一年的时间来学怎么"加"。好了，你明白这意思了。这就是你在一所声名显赫的大学里交了学费之后所学到的东西。

然而，一位叫费曼的聪明人向你建议说："嘘……如果你会数数儿，你不必非得学关于进位和加法这套高难度的专业知识。你要做的就是弄来564个罐子，然后往每个罐子里放入263个小卵石。最后，你把所有这些小卵石倒出来，堆成一大堆，数一数有多少，那就是答案。"

所以你看，费曼不仅教你怎样做乘法，他还让你深刻地理解那些高级神父和他们的学生们（这些学生很快会从知名大学获得博士学位）究竟在做什么！但另外一方面，如果你学费曼的方式做乘法，你就不能申请会计师的工作。如果你的老板要你整天作大数乘法运算，你就会给累死，而进了高等神父学院的学生们将会让你灰头土脸蒙羞受辱。

我已经写过一本教科书Quantum Field Theory in Nutshell（《果壳里的量子场论》，下称《果壳》）和两本物理学普及读物（包括《可怕的对称》，下称《可怕的》），所以我觉得我很有资格就你们关心的要读什么样的书的问题说几句话。（顺便说一下，《QED》这本书的出版者普林斯顿大学出版社出版了《果壳》和《可怕的》两书。）

现在我把这个引言的读者分为三类：（1）受这本书的激励想进一步学习并掌握QED的学生；（2）对QED感到好奇的聪明的外行；（3）像我本人这样的专业物理学家。

如果你属于第一类，你将会令人难以置信地受到这本书的鼓舞、激励而迸发出巨大的热情，想要即刻开始阅读一本量子场论的教科书（可以很有理由地说《果壳》就是这样的一本教科书）。顺便说一下，如今QED被认为是量子场论的一个相对简单的例子。在写《果壳》的时候我坚信，一个确实聪明的本科生是会很接近于学懂了量子场论的，而费曼肯定会同意我这个想法。

但是，正如在类比中所表明的，光阅读这本书可无论如何不会使你变为一名教授的。你必须还要学习费曼所谓的两数相乘的"复杂棘手、需要技巧，但很有效的方法"。尽管费曼宣布，他很想从零开始解释一切，但他在行文中还是明显地表现出吃力。比如在第88页和图56中，仅仅提了一下$P(A$至$B)$取决于间隔I，这让人莫名其妙，但你只能接受他这句话。而在《果壳》中，这是被推导出来的。在第119页注3中讲的$E(A$至$B)$也是这样。

如果你属于第二类读者，坚持读下去，你会受益匪浅，相信我，别着急贪多！即使你只读完前两章，你也会已经学到了很多东西。为什么这本书这么难读？我们可以再回到那个玛雅人类比：这就好像你正在用罐子和小卵石教某人学习乘法，但他甚至连罐子和小卵石是什么都不知道。费曼翻来覆去地告诉你每个光子带一个小箭头，告诉你怎么把这些小箭头加起来和用伸缩、旋转的方法把它们乘起来。而这真是让人非常困惑、感到糊涂的；你的注意力不能有一点点走神。附带说一下，这些小箭头其实就是复数（如第73页注释4所解释）；如果你已经了解了复数（即罐子和小卵石），讨论就可能比较清楚一点而不那么乱。或者，也许你是温伯格所描述的满足于"似乎是理解了某事物"这种假象的那种典型的外行读者中的一员，你就可能满足于标准的物理普及读本。再次用玛雅人类比：一本标准的物理普及读本既不会拿九九表和进位，也不会拿罐子和小卵石去烦劳你。它可能就简单地说一句：当给定了两个数，高级神父有办法得出另一个数。事实上，通俗物理书籍的编辑们坚决要求作者们按这种方式去写作，目的是不要吓跑了掏钱买书的大众（下面会更多地谈到这一点）。

最后，如果你是第三类读者，那你真可说是来享受一番东道主的款待。虽然我是个搞量子场论的理论物理学家而且明了费曼正在做的是什么，但我还是从看到大家都熟悉的现象以这样一种令人眩惑的原创性的为大家所不熟悉的方式给解释出来，而获得巨大的快乐。我欣赏费曼向我解释光为什么走直线，或者一个聚焦透镜实际是怎么工作的（第57页："对自然界耍一个'花招'"，让沿某些路径的光慢下来，以使所有的小箭头都转同一大小的角度）。

嘘……我来告诉你，费曼为什么与众多物理教授不同。你去请一位物理教授解释，光从一块玻璃板反射时，为什么只考虑前后两个表面的反射就足够了。很少有人知道答案（见第107页）。这不是因为物理教授们缺乏知识，而是因为他们就从来没有提出过这个问题。他们只不过是学习Jackson的标准教科书，通过考试，按部就班地升级。费曼从小就不是省油的灯。他永远在问为什么？为什么？？为什么？？？

　　有三类读者（励志的学生、聪明的外行、专业的教授），相应地，也有三类物理书（并不与三类读者一一对应）：教科书、通俗读物和我称之为"超难普及物理读本"。这本书就是这第三类书的珍稀样本，在某种意义上这第三类夹在教科书和通俗读物两大类之间。为什么它在三类中占的份额如此之小？这是因为"超难普及物理读本"把出版者吓个半死。霍金有个广为流传的说法：通俗书中每一个公式都会使该书的销量减少一半。虽然我并不否认这个话确实道出了一般的实情，但我希望出版商还是别这么轻易地给吓着。问题主要并不在于公式的数量有多少，而在于书中是否蕴含了对难于掌握的概念做出的真诚可信且值得称赞的讲解。在写《可怕的》一书时，我想，为了讨论现代物理学中的对称，讲解群论是必要的。我想尽力使这些概念能为大家所接受，为此，我用在上面写有字母的方形和圆形的小代币筹码似的东西作为教具来演示。但编辑迫使我一次再次不断地冲淡这些内容，直到实际上啥也没留下为止。然后，把刷掉的许多内容归到附录中。费曼可不同，他神通广大，不是所有的物理书写作者都有他那么大的本事，那么大的影响力。

　　让我返回到费曼的书，讲讲它的难点。这本书的很多读者都会学一些量子物理。这样，他们理所当然地会，比如说，对这本书没有谈到波函数感到不解，而波函数在大量其他量子物理通俗论述中都占有相当突出的地位。量子物理是足够让人困惑的——正如一句俏皮话所说，"有量子物理相伴，谁还需要迷幻药？"也许应该让读者不要在困惑中再为这些不解而更加挠头，所以我来解释一下。

埃尔文·薛定谔和维尔纳·海森伯，几乎同时但相互独立地创立了量子力学。例如，为了描述电子的运动，薛定谔引入了波函数，它服从一个现在叫薛定谔方程的偏微分方程，而海森伯则让他周围的人都莫名其妙地大谈算子——作用在他称之为"量子态"上的算子。他还令人瞩目地阐明了不确定性原理，这个原理是说，一个人若更精确一些地测定了，比如说，一个量子粒子的位置，那么他关于这个粒子的动量的知识就会更加不确定一些，反之亦然。

由这两个人建立的理论形式显然大不相同。但是，对任何一个物理过程他们所得到的最终结果都是一致的。后来表明这两个理论形式是完全等价的。如今，对一个合格的本科毕业生，我们都可以指望他从一个理论形式熟练地转入另一个形式，他采用哪种形式取决于他手头所要处理的问题用哪一个更方便。

六年以后，1932年，保罗·狄拉克提出了——以某种程度的原生态面貌——第三个理论形式。看来狄拉克的思想多半是给遗忘了，直到1941年才又被重新提起，这时费曼发展了并详尽阐述了这个理论形式，即现在大家所知的路径积分形式或对历史求和形式。（物理学家们有时很想知道费曼是不是在完全不知道狄拉克工作的情况下发明了这个理论形式。物理学史家现已确认，答案是：否。在普林斯顿一个小酒馆的派对上，一位名叫Herbert Jehel的物理访问学者将狄拉克的这个想法告诉了费曼，而就在第二天费曼在可敬可畏的H. Jehel面前完善了这个理论形式。见《现代物理学评论》*Reviews of Modern Physics*中S.Schweber的论文。

费曼在这本小书里努力讲解的就是这个理论形式。例如，在第38页，当费曼把所有箭头加起来时，他实际上是在把与光子从点 S 到达点 P 所有可能的路径相关的振幅进行积分（当然这是求和的微积分学专业术语），于是名之为"路径积分"。另一个名字"对历史求和"也很容易理解。如果把量子物理的规则关联到宏观的人类尺度的事物，那么历史事件的所有其他选择（如拿破仑在滑铁卢大获全胜，或肯尼迪避开了暗杀者的子弹）都是有可能发生的，而每一个历史事件都会有一个振幅与之相关联，我们将把这些振幅都加起来（即把所有那些箭头都加起来）。

原来——可被看做是终态函数的路径积分满足薛定谔方程。这个路径积分实质上就是波函数。这样，路径积分理论形式就与薛定谔和海森伯理论形式完全等价。事实上，一本明白无误地讲清了这个等价性的教科书就是由费曼和Hibbs写的。（确实，费曼也写教科书——你知道，那些令人生厌的书实际上就是告诉你如何高效率地做例如"进位"和"加法"这类事情。对，还有，你也会正确地猜测出费曼的教科书通常主要都是由他的合作者写的。）

由于狄拉克-费曼路径积分形式与海森伯的形式完全等价，那它就相当肯定地包含了不确定性原理。所以，费曼在第72页上兴高采烈地"泯没"不确定性原理就显得稍夸张了些。至少，人们可以从语义学的角度提出问题：他所说的不确定性原理就不再"需要"了，是什么意思？其实，真正的问题是它是否还有用。

理论物理学家是众所周知的很讲求实用的一群人。哪个方法最简便，他们就会采取哪个方法。一点儿没有数学家坚持严格和证明的那种矫情。无论什么方法，只要能用就行，管他呢！

如果是这样的工作态度，那你会问，这三种理论形式 —— 薛定谔、海森伯和狄拉克 - 费曼，哪一种最简便？回答是：这要取决于所要处理的问题是什么。比如在处理原子问题时，正如大师自己在第96页所承认的，"这些原子的（费曼）图中所包含的直线和波纹线太多，以致完全乱成一团"。薛定谔形式则绝对简便多了，那物理学家就采用薛定谔这个方法：事实上，对于大量"实际"问题，几乎不涉及路径积分形式，在某些情况下则完全不可能运用路径积分。一次，我就这类显然不可能用路径积分的一个例子向费曼发问，他没有回答我。但是，初学的学生运用薛定谔形式很轻松地解决了这些貌似不可能解决的问题。

这样，哪个理论形式最好，这确实是取决于要解决的物理问题是什么，一个领域的物理学家 —— 比如，搞原子物理的 —— 可能喜欢一种理论形式，而另一个领域的 —— 比如，搞高能物理的 —— 可能偏爱另一个理论形式。可以合理地推想，当一个领域展开和发展起来，甚至有可能出现这样的情况，即一个理论形式逐渐显现出比另一个更为方便。

作为一个具体的例子，我来着重谈谈我所受业的领域，即高能物理，或称粒子物理，这也是费曼的主要领域。有趣的是，在粒子物理中，路径积分形式在三种形式的赛马中很长时间内都是远远落在后面的第三名。（顺便说上一句，没有什么东西表明只可能有这三种理论形式。某个聪明的青年人很可能研究出来第四种！）事实上，对于很多问题的处理，路径积分形式使用起来很不顺手，以至于直到20世纪60年代末，它还陷于默默无闻的状态。60年代末之前，量子场论的教学几乎完全都是采用正则形式，它只不过是对海森伯形式的另一个说法，但正是"正则"这个词透露出这个形式得到了最高的尊重。举我恰好熟知的一段往事作为例证。在我求学期间，从没有听说过路径积分，即使我的本科和研究生上的是东海岸相当知名的两所大学。[我之所以提到东海岸是因为，就我所知，在洛杉矶东部的飞地上（指加州理工学院吧！——译注），路径积分可能一直在作为重点来讲解。]直到我在普林斯顿高等研究院做博士后时，我和我的很多同事才通过一篇俄文论文第一次注意到路径积分。甚至就在那时，一些权威人物还是表达了他们对这种形式的质疑。

令人啼笑皆非的是，正是费曼本人要对这种可悲可叹的事态负责。问题出在学生们很轻易地学会了费曼发明的"好玩的小示意图"（如第113页的图）。施温格有一次不无抱怨地说"费曼把量子力学搞乱了"，他的意思是任何一位能记得几个"费曼规则"的蠢材都可以自称是懂得场论的理论家，并以此为可靠基础构建自己的学术生涯。Heavens to Betsy（这是19世纪的说法，早已成为罕用语，有"天哪，真是不可思议"之意。——译者），代代都有学了费曼图而不懂场论的人，至今还依然有这样的大学教授在到处逛来逛去。

但是，几乎是让人难以置信的——而且这恐怕是费曼魅力之部分所在，这种魅力使得他的学术生涯充满了几乎是魔幻般的氛围，在20世纪70年代初，大体上是由我上面刚刚提到的那篇俄文论文开始，狄拉克-费曼积分山呼海啸般地卷土重来。它很快就成为促进量子场论向前发展的占主导地位的方法。

我刚刚提到的这场"心智较量"发生在采用费曼图的一伙人和采用费曼路径积分的较年轻的一伙人之间，使费曼成为非凡物理学家的正是这场较量。我得赶紧补充一句，所谓"较量"这个词稍微重了点，没有什么东西限制物理学家只准采用这个方法而不准采用那个方法。我就两者都用。

我相信，我最近出版的教科书《果壳》是从最开始就采用路径积分形式的为数不多的几本书之一，相形之下，较老的教科书则偏爱正则形式。我将第二章第一节的标题立为"教授的噩梦：一个聪明的家伙在课堂上"。根据关于费曼的那些全部是虚构的传奇的总精神，我杜撰了一个聪明调皮学生的故事，并给他起名叫费曼。路径积分形式是通过参禅式冥想的过程得到的——即先引入无限多的屏板，再在每个屏板上钻无数个洞，直到屏板全无为止。但对照玛雅神父的类比，在这个费曼式的推想之后，我还必须得教学生如何进行实际的计算（"进位"和"加法"）。为此，我得放下这个虚构的费曼，而详尽地完成路径积分的狄拉克-费曼推导。这要引入诸如"插入1（1是作为对左矢和右矢的完全集的求和）"这样的技巧。技巧是你通过阅读费曼的书所得不到的。

顺便讲一讲，也许你想知道，符号左矢"＜"和右矢"＞"与虚构的迪克·费曼没有任何关系。它们是被沉稳寡言的保罗·狄拉克当作一个括号的左半边和右半边引来的。狄拉克本人是个传奇。有一次，我和他还有别人一起吃晚饭，自始至终他没说几个字。

费曼在他的书中插一些话，有点调皮地挖苦其他物理学家，几次引起我的窃笑。例如，在第131页，他打趣地称盖尔曼——一位杰出的物理学家，费曼在加州理工学院亲密的比肩同道——是"伟大的创造者"。他有点一反他自己精心培育的聪明人的形象，在149页的注4很懊恼物理学家们掌握古希腊知识的水准普遍下降，虽然他完全知道盖尔曼不仅创造了"胶子"这个新词，还是个颇有造诣的语言学家。

我也还很喜欢费曼那些自嘲的言辞，这也是他的形象很重要的部分。当费曼说到"有个愚蠢的物理学家1983年在加州大学洛杉矶分校上课时……"，一些读者可能不知道他这是在说他自己！虽然这确实只是费曼形象的一个侧面，但我发现，在我们这个理论物理学家圈子变得越来越等级森严、傲慢自负的时代，它是一股清新的风。我所了解的费曼（我必须强调我并不是非常了解他）肯定不喜欢这个趋势。无论怎么说，毕竟，有一次他力图辞去国家科学院院士职务，还引起一阵轩然大波。

现在返回来谈谈上面所描述的我想象中可能大体分为三类的读者。我想说的是，第二、三类读者会非常喜欢非常欣赏这本书，但此书的真正本意是写给课堂上的学生的。如果你有志成为理论物理学家，我极力主张，以你藏于心智中的如饥似渴的求知欲，把这本书大快朵颐地吃起来，咽下去，然后就继续从量子场论教科书中学习如何实际地"进位"。

你肯定能够掌握量子场论。就记住费曼所说的话吧："一个笨人能理解的东西，其他人也能理解。"他指的是他自己，还有你！

讲座前言

莱昂纳德·毛特纳
(Leonard Mautner)
洛杉矶，加利福尼亚
1983年5月

    这个"阿莉克斯·毛特纳纪念讲座"(Alix G.Mautner Memorial Lectures)是为了纪念我的妻子阿莉克斯而设立的，她于1982年逝世。阿莉克斯的专业是英国文学，但她在很长时期里对许多科学领域一直保持经久不衰的兴趣。因此，以她的名义设立一个基金会，资助这样一个每年一次的系列讲座，向聪明而有兴趣的听众传播科学精神和成就，看来是很合适的。

    我很高兴理查德·费曼同意由他开始这第一个系列讲座。我同他的友谊可以追溯到五十五年前，在纽约的法洛克维(Far Rockaway)我们一起度过的童年时代。理查德认识阿莉克斯有二十二年了，而且她总是请求他想办法通俗地讲解"小粒子"物理，使她和其他非物理学家能够理解。

    此外，我愿意在此向所有那些对阿莉克斯·毛特纳基金会做出贡献而使这些讲座得以开设的人表示感谢。

编录者序

拉尔夫 • 莱顿（Ralph Leighton）

帕萨迪纳，加利福尼亚

1985年2月

　　理查德 • 费曼以他看待世界的独特方式在物理学界成为传奇式的人物：他对任何东西都不想当然地认可，总是独自彻底地考虑和解决问题，他经常能对自然界的行为得到一种新颖而深刻的理解 —— 而且以令人耳目一新的简洁优美的方式表达出来。

　　费曼为学生讲解物理学的热情也是众所周知的。他拒绝了无数颇有声望的学会和组织的邀请，但对路过他办公室的学生请他去某个地方中学的物理协会讲点什么，他却着迷似的有求必应。

　　这本书是一个冒险 —— 就我们所知，还从来没有人试着冒这种险。它以直截了当、真诚可信的方式对非专业的听众讲解了一个相当困难的课题 —— 量子电动力学（quantum electrodynamics）。它的设计是为使有兴趣的读者欣赏一种思维方式，就是物理学家在要解释自然界如何运行时所采取的思维方式。

　　如果你准备学习物理学（或者正在学呢），那么这本书中没有一点内容是你最终要纠正或抛弃的：它的讲述是个完整的大纲，其中每个细节都是精确的，你可以按照这个大纲 —— 无需任何修改 —— 进行更深入的学习。如果你已经学习过物理学，本书则向你揭示，你过去在做所有那些复杂计算的时候，到底是在做什么！

　　理查德·费曼还是个孩子的时候，受过一本书的启迪而开始学习微积分，这本书的开头语是："一个笨人会做的事，其他人也会做。"费曼也想把同样的话和他的这本书一起奉献给读者："一个笨人能理解的东西，其他人也能理解。"

致　谢

　　这本书号称是我在加利福尼亚州立大学洛杉矶分校主持量子电动力学讲座时的记录，由我的好朋友拉尔夫·莱顿整理、编辑。但实际上，本书稿对原讲座做了相当大的修改。莱顿先生在教学和写作方面的经验，对于我们想试着通过本书把物理学的核心内容介绍给范围更广的读者，起了相当大的作用。

　　许多"颇受欢迎"的科学普及之类的作品之所以看起来相当简洁，只是由于它们所写的东西与它们声称要写的是两码事，它们对于声称在写的东西做了相当大的歪曲。但是对我们论题所怀的敬意不允许我们也这样干。经过许许多多个小时的讨论，我们已经尽力做到了最大限度的明确、简洁，同时避免任何对真理的歪曲。

第1章

绪 论

　　阿莉克斯·毛特纳对物理学很好奇，常常要我给她讲解。我想，这事我能应付得来，正如在加州理工学院有一群学生每星期四到我这里来花一个小时讨论物理问题我能应付得来一样。可结果，我最感兴趣的这部分却没成功：我们老是在讨论量子力学那些古怪的概念时给窘倒了。我告诉阿莉克斯，我不能只花一个小时或一个晚上把这些概念给她解释清楚 —— 这需要花很长时间，但我答应她，总有一天我会准备一个系列讲座来讲解这个课题。

　　我准备了几讲，然后去新西兰试试如何 —— 因为新西兰反正远得很，即使讲砸锅了，也没什么了不起。噢，新西兰人认为讲得还不错，所以我猜这讲座还可以 —— 至少对新西兰是这样。现在我在这里讲的就确实是我为阿莉克斯准备的讲座，但很遗憾，现在，我不能直接讲给她听了。

　　我愿意给大家谈的是物理学中已经为人所知的部分，而不是未知的部分。人们总是要求我们讲解"统一"——把这个那个理论统一起来这一类工作的最新进展，而不给我们机会向他们讲解我们已经掌握得很好的一个个理论。他们总是想了解我们尚不知道的东西。所以，与其用一些半生不熟、我们尚且一知半解的理论把你们弄得晕头转向，还不如像我所愿意的那样给你们讲一讲一个我们已经分析得通透至微而彻底掌握了的课题。我喜欢物理学的这个领域，而且认为它是绝妙的 —— 那就是量子电动力学，或简而言之，QED。

　　我这几讲的目的是尽可能准确地描述关于光和物质的奇妙理论 —— 或者更明确地说，是关于光与电子的相互作用。要讲完我想讲的所有内容，需要很长的时间。好在我们分四次讲，我会好好利用这些时间，把所有内容都弄清楚。

物理学在过往的历史中，尝试将众多现象综合为很少几个理论。例如，在早期，人们观察到运动的现象和热的现象，还有声、光和重力的现象。但在牛顿（Sir Isaac Newton）解释了运动的规律以后，人们很快发现，这些过去看起来毫不相干的现象，其中有些其实是同一事物的侧面。例如，声音现象完全可以理解为空气中原子的运动。所以声音就不再被看作是运动之外的什么事了。人们还发现，从运动规律出发，热现象也是容易理解的。用这个方式，一大堆物理学理论被综合成一个简明易懂的理论。不过万有引力理论除外，它不能用运动规律来理解，甚至在今天它也还是与其他理论毫无联系。迄今，万有引力仍不是借助其他现象所能理解的。

在把运动、声和热这几种现象综合起来之后，人们又发现了我们称之为电现象和磁现象的几种现象。1873 年，这些现象同光和光学现象被麦克斯韦（James Clerk Maxwell）的一个理论综合在一起。麦克斯韦提出光就是电磁波。所以在这个阶段，有运动定律、电和磁的定律和万有引力定律。

1900 年前后，一种解释物质到底是什么的理论出现了。它被称为物质的电子理论——认为原子中有很小的带电粒子。这个理论逐渐演化发展，认为原子中有一个重核，并有电子绕它旋转。

人们想借助力学定律，就是说想仿照牛顿利用运动定律探究出地球如何绕日运行的办法来理解电子绕核旋转，这个努力是彻底失败了：它做的所有预言都是错的。（附带说一句，相对论大致也是在这段时间里提出来的，大家都把它理解成是物理学中的一场革命。但与牛顿运动定律不能用于原子这个发现比起来，相对论只是个小修正。）建立另一个体系取代牛顿定律花费了很长时间，因为原子水平上的现象是很奇怪的。要领悟在原子水平上发生的事情，人们必须抛弃常识。最后，在1926年，用来解释电子在物质中的"新型行为"的一种"非常识性"理论建立起来了。这个理论看来好像荒诞不经，但事实上当然绝非如此：它就叫作量子力学。"量子"这个词是指自然界那个违背常识的特别的一面。我准备和你们谈的，就是关于这一面的问题。

量子力学的理论还解释了所有各类现象的细节，例如为什么一个氧原子和两个氢原子合成水，等等。这样，量子力学就也为化学提供了背景理论。所以说基础的理论化学实际上就是物理学。

量子力学由于能够解释物质所有的化学性质和其他各种性质而获得极大的成功。但关于光和物质的相互作用还是存在问题。就是说必须将麦克斯韦的电和磁的理论加以改造，使之与已经建立起来的新的量子力学相适应。这样，在1929年，一个新的理论——关于光和物质相互作用的量子理论——终于由一些物理学家建立起来了。它的名字倒是怪可怕的，叫作"量子电动力学"。

但是这个理论曾有过让人头疼的麻烦。如果你粗略地进行计算，这理论能给你相当合乎逻辑的结果。但要是想进行更精确的计算，你会发现修正值（你原以为计算越精确，修正值会越小吧！例如一系列的修正值中，下一个会比上一个小）事实上很大——竟然是无穷大！原来，这个理论不允许你把任何一个量计算得超过一定的精度。

顺便说一下，刚才我给你们概括讲的那些，我把它称为"物理学家的物理学史"，这种物理学史从来是不正确的。我刚才给你们讲的是物理学家给他们的学生讲的形式化的神话故事一类的东西，学生又把这些讲给他们的学生。我刚才讲的这些不一定同真实的历史发展有什么联系，说真的，我并不大知道真实的历史过程到底是怎样发生的。

无论如何，我还是要接着讲这段"历史"。P.狄拉克（Paul Dirac）利用相对论建立了电子的相对论——不过他没有把电子与光相互作用的影响考虑在内。狄拉克的理论是说，电子有一个小的磁矩——就像是一个小磁体的力那类东西，它的强度正好为某种单位制的1个单位。后来，大约到了1948年，实验发现实际值应该是接近于1.00118个单位（小数点后最后一位数的不定度约为3）。当然，电子要与光相互作用，这是众所周知的，所以有某个小修正值正在意料之中。人们还期望这个修正值从量子电动力学这个新理论的观点看来也是可以理解的。但计算的结果，这个修正值不是1.00118，而是无穷大——经验告诉我们，这结果是错的！

好了，在量子电动力学中如何进行计算这个问题被J•施温格（Julian Schwinger）、朝永振一郎（Sinitiro Tomonaga）和我本人于1948年前后解决了。施温格是第一个使用一种新的"壳层游戏"计算这个修正值的。他算出的理论值是1.00116，与实验值已经相当接近，这说明我们的思路是对的。最后，我们终于有了可以用来进行计算的关于电和磁的量子理论了。我打算给你们讲的就是这个理论。

量子电动力学的理论到现在已经经受了五十多年的检验，检验的条件越来越广泛、检验的精度越来越高。现在，我可以骄傲地说，在实验和理论之间，不存在重大分歧。

　　这里我给你们几个最近得到的数据，让你们领略一下这个理论如何备受艰辛地通过检验：狄拉克数的实验值是1.00115965221（小数点后最后一位数的不定度大约为4），而理论值为1.00115965246（不定度约为实验误差的五倍）。为了使你对这个精确度有个概念，我给你打个比方：如果你在测量洛杉矶到纽约的距离时精确到了这个程度，那你就是精确到了人的一根头发那么细。在过去的五十多年里，量子电动力学就是这样从理论和实验两个方面精巧灵敏地经受着考验。顺便说一句，我刚才只是举了一个数据给你看。实际上量子电动力学中，其他东西的测定值也差不多是这样精确，它们与理论值同样符合得相当好。这个理论的内容一直在非常大的尺度范围内——从地球大小的一百倍到原子核大小的百分之一——经受着考验。我介绍这些数据是为了吓唬你们，迫使你们相信这个理论大概不会太差。下面，我会给你们讲这些计算是怎么做的。

　　对于量子电动力学所描述的现象，其范围之宽广，我想再一次加深你们的印象。反过来说容易点，让我反着说：它能描述物理世界的所有现象，只是万有引力作用——那种把你们束缚在椅子上的作用（实际上，现在把你们束缚在椅子上的是万有引力再加上你们的礼貌，我想）——和放射性现象（它们涉及核的能级跃迁）除外。这样，如果我们把万有引力和放射性（更恰当地说，是核物理）除开不算，剩下来的是什么呢？汽车中汽油的燃烧、发泡起沫、盐或铜的硬度、钢的刚性。事实上，生物学家正在尽其所能地借助化学对生命做出解释，而正如我已经说过的，化学背后的理论就是量子电动力学。

我必须澄清一件事：在我说物理世界的所有现象都可以用这个理论解释时，我们并不真的知道是不是这样。我们所熟悉的大部分现象都涉及极大量的电子，要我们这贫乏可怜的头脑去跟踪如此复杂的事物，那可太难了。在这种情况下，我们可以运用这个理论粗略地估算出什么情况应该发生，并粗略地估算出在这种复杂的环境中，真真正正发生的到底是什么。但是，如果在实验室里安排一个在简单的环境下只涉及仅仅几个电子的实验，我们就可以很精确地计算出什么情况可能会发生，而且也可以很精确地把它测量出来。我们无论何时做这种实验，量子电动力学的理论总是表现得很好。

我们物理学家老是在检验，查看这个理论是不是有什么毛病。这种查看是一种游戏，因为如果真有什么毛病，那就很有意思了！但到目前，我们还没发现量子电动力学有什么问题。所以我可以说，它是物理学的珍宝——我们最骄傲的财富。

量子电动力学还是那些试图解释原子核现象的新理论的原型。如果你想把物理世界设想成一个舞台，那么演员可不只是原子核外的电子，还要有核内的夸克、胶子等等——数十种基本粒子。虽然这些"演员"的亮相一个与另一个大不相同，但它们的表演却都依照一定的风格——奇怪而特别，这就是"量子"风格。在这个系列讲座的最后，我要讲一点关于核粒子的内容。而在此之前的大量的时间，我只打算讲光子——光的粒子——和电子，以使内容保持简而不繁。因为它们作用的方式才是重要的，而且是很有意思的。

现在你们已经知道我打算讲些什么了。下一个问题是，你们会理解我将要给你们讲的内容吗？去参加科学讲座的所有听众都清楚，他们不打算理解讲座的内容，但是，讲授者也许系了一条色彩鲜艳的漂亮领带可供观赏。在我这里，那可就错了！（费曼没结领带。）

　　我准备给你们讲述的是我们对研究生院三、四年级的物理系学生讲授的内容——你们以为我把这些内容解释给你们，你们就能理解吗？不！你们别打算能够理解它。那么，为什么我还要用所有这些东西来打扰你们呢？如果你们不可能理解我准备给你们讲的东西，为什么你们还要从头到尾坐在这儿听呢？我的任务是什么——我的任务就是要你们相信，不要因为你们不能理解就走开。你们该知道，我的物理系研究生也不理解它。而这是因为我本人也不理解它。没有人理解它。

　　关于"理解"，我想稍微讲几句。在我们讲课时，有许多原因使得听众不理解讲授者所讲的内容。一个原因是，讲授者的语言糟糕——他词不达意，或是讲得颠三倒四，这当然使听众难于理解。不过，这是小事，我会尽最大努力来避免我的纽约口音过分浓重。

　　另外一个可能性是——特别当讲授者是物理学家时，他们经常以稀奇古怪的方式运用一些普通的词，例如，他们常常在本专业的意义上使用"功"呀、"能"呀——甚至，你将会看到，他们还使用"光"呀这类的词。所以当我在讲物理学上"功"的时候，它的意思和我在街头巷尾谈论的"功劳"的"功"可不是一回事。在这个讲座中，我也许会使用一个这类的词而没注意到我不是以它通常的意义在使用它。我将尽最大的力量使自己警觉这个问题——这是我的任务。不过，这是个容易犯的错误。

　　你们可能以为你们不懂我在给你们讲什么的另一个原因是，在我描述自然界如何工作时，你们不懂得自然界为什么这样工作。但是你们要知道，没有人懂得这一点。我不能解释自然界为什么以这样奇特的方式行事。

最后，还有一种可能性：在我讲了一些内容之后，你们就是不能相信它，你们不能接受它，你们不喜欢它。一个小小的障碍落下来，你们就不再听下去了。我在对你们讲述自然界是怎么样的——而如果你们不喜欢它，你们就要按照你们的方式去理解了。物理学家学会了正确对待的正是这样一个问题：他们学会了承认，对于一个理论，他们喜欢与否无关宏旨。重要的是这个理论所给出的预言能否与实验符合。一个理论是否在哲学上令人喜爱，或是否容易理解，或是否能从常识的观点看来完全合乎逻辑，所有这些都无所谓。从常识的观点来看，量子电动力学描述自然的理论是荒唐的。但它与实验非常符合。所以我希望你们按自然界本来的面目接受自然界；它本来是荒唐的，就接受它是荒唐的。

我怀着很大的乐趣向你们讲述这个荒唐，因为我发现做这事很愉快。请你们不要由于不能相信自然界如此奇怪而背过脸去。你们且把我的讲座听完吧；我希望在讲座之后，你们能像我这样喜爱这个学科。

我准备怎么样给你们讲那些我对三年级以下的研究生都不讲的内容呢？让我用类比的方法说吧！玛雅印第安人对作为"晨星"和"昏星"的金星的升起和落下很感兴趣——他们对这颗星何时出现感兴趣。多年的观察之后，他们注意到在地球观察到的金星五个周期的时间与他们按365天为"一年"的8年的时间很接近（他们知道真正的回归年并不是365天，而且对此也做了计算）。为了进行计算，玛雅人发明了点画系统来表示数（包括零），他们还有计算规则。根据这些规则，他们计算并做出预言的不仅有金星的升落，而且有天上的其他现象，如月食。

在那个时候，仅有少数玛雅神父会做这种精巧的计算。好！假设我们准备问一位神父，在计算金星下一次何时会作为晨星而升起时，其中的一步——两数相减怎么个作法？让我们设想，和今天的情况不同，那时我们不上学，不知道什么是减法。这位神父会怎样对我们解释减法是怎么回事呢？

他可能教我们由点和画所表示的数和"减"法规则，也可能告诉我们他正在做的到底是什么："假定我们想从584中减去236。先数出584粒豆子，把它们放到一个罐子里，然后从这些豆子里数出236粒放在一边。最后数数罐子里还剩下多少豆子。这个数就是584减去236的结果。"

你也许会说："我的上帝呀！多没意思的工作呀——数豆子，把它们放进去，再数一些出来——真无聊！"

对此，神父可能会回答说："这就是为什么我们对点画要定些规则。这些规则微妙复杂，但用它们得到答案比一粒一粒地数豆子可有效率多了。重要的是，如果我们所关心的就只是答案的话，那么怎么得到这个答案是无所谓的：为预言金星出现的时刻，我们可以数豆子（这很慢，但易于理解），或者使用复杂微妙的规则（算起来很快，但你必须花上几年在学校里学习这些规则）。"

要理解相减是怎么个做法——只要你不是非得真把它算出来不

可 —— 确实并不那么难。所以，我的想法是：我要给你们讲，在物理学家要预言自然界将如何动作时，他们在做的是什么，但不打算教你们任何运算"窍门"，因为"窍门"只是在高效率地运算时才有用。你们会发现为使用量子电动力学这个新体系来做出合乎逻辑的预言，非得在纸片上画出多得吓人的小箭头不可。这需要七年的时间 —— 四年大学和三年研究生 —— 才能把我们物理系的研究生训练得会用这个复杂微妙而有效率的方式进行计算。我们准备也就是在这个地方，跳过这七年的物理训练：我给你们讲量子电动力学只讲我们到底在做什么，我希望你们理解得比我们的一些学生还好些。

我们再进一步看看玛雅人这个例子。我们可能问这位神父，为什么金星的五个周期大约等于2920天，或者说8年呢？要回答这个"为什么"，恐怕会有形形色色的理论。比如，"20在我们的计算系统中是个重要的数。如果用20去除2920，你会得到146，这个数比用两个不同方式得出的平方相加起来多1"，诸如此类。但这些理论与金星实际上毫无关系。在现代，我们发现这类理论一点用处都没有。所以我再说一遍，我们不打算讨论大自然为什么以现在这种独特方式运行这类问题。没有什么好的理论能够解释这一点。

迄今我所做的，是使你们有个正确的态度来听我讲课。不在这里讲，我就没有机会讲了。好，这些已经讲完了，言归正传吧！

我们从光开始讲起。牛顿在开始研究光的时候，他发现的第一件事就是白光是色光的混合。他用棱镜把白光分解为色光，但他在令一种色光 —— 例如红光 —— 通过另一个棱镜时，发现再进一步分解就不可能了。这样，牛顿就发现了，白光是不同色光的混合，而每一种色光

都是纯的 —— 就是说不可能再进一步分解了。

（事实上，一种特定的色光还可以以另一种不同的方式，根据所谓的"偏振（或极化）"再分解一次。不过，不考虑光在这方面的性质对理解量子电动力学的特征不是什么太严重的问题。所以为简化起见，我把它省略掉 —— 其代价是，我将不能把这个理论给你们做一个绝对完整的描述了。无论如何，这个小小的简化不会影响到对我所要讲的内容的真正理解。当然，对所有我略去不讲的东西，我肯定还要十分小心地告诉大家。）

在这个讲座中，当我说"光"的时候，我的意思并不仅仅是指我们所能看见的从红到蓝的光。原来，可见光只是长长的光标度尺上的一部分。这可以同音阶做个类比，有的音调高于你所能听到的，有的则低于你所能听到的。光的标度也可以用数（叫做频率）来描述 —— 当数字越来越高时，光就从红而蓝，而紫，而紫外。我们不能看见紫外光，但它可以影响照相底片。它也还是光，只是（频率的）数字不同。（我们不应该太狭隘：能用我们自己的仪器 —— 眼睛 —— 直接探测的东西，并不是世界上仅有的东西！）如果我们再这么继续改变这个数，就会达到 X 射线、Υ 射线等。如果朝着另一个方向改变数字，我们就会由蓝而红，而红外（热）波，而电视波，而无线电波。对我来说，所有这些都是"光"。以后在举例时，我打算主要以红光为例，但量子电动力学的理论适用于我上面所说的整个范围，它是所有这些各种不同现象背后的理论。

牛顿认为光由粒子组成（他把它们叫作"微粒"），他是对的（不过他做出这个结论的推理是错的）。我们之所以知道光由粒子组成，是因为我们使用一种非常灵敏的仪器，当光照射这个仪器时，仪器就"嗒""嗒"作响。如果光变暗了，声响还是那么强，只是响的次数少了。这样看来，光就有些像雨点——每一小团光就叫作一个光子——如果所有的光都是同一种颜色的，那么所有"雨点"的大小都是一样的。

人的眼睛是很好的仪器：只需五六个光子就能刺激一个神经细胞，并将这个信息传递给大脑。如果我们再多进化一点，使我们眼睛的灵敏度再提高十倍的话，我们就无须再做这个讨论了——我们所有的人就都可以把非常微暗的单色光看成是一系列断断续续的强度相同的小闪亮。

你们也许会担心单个的光子怎么可能被探测到。有一种仪器可以做这件事，它叫作光电倍增管。我给你们简单描述一下它是怎么工作的：当一个光子打到底部的金属板 A（见图 1）时，它将这个板上的一个电子从一个原子里打出来。这个自由电子被很强地吸向 B 板（它上面带正电），并以足够大的力撞到 B 板上，打出三四个电子。从 B 板上打出来的每一个电子又都被吸向 C 板（它也带正电），这些电子与 C 板的碰撞将敲打出更多的电子。这个过程重复十或十二遍，直到有上亿万个电子（这些电子足以形成一股相当大的电流）打到最后一块板 L 上。这个电流可以用一个普通的放大器加以放大，并送到扩音器，通过扩音器发出可以听到的"嗒""嗒"声。每次某给定颜色的一个光子打到光电倍增管时，就可以听到一声声同样的"嗒"声。

如果你把所有的光电倍增管围成一圈，并让一个很暗弱的光在中间向各不同方向照射，光进入一个或者另一个光电倍增管，并发出强度十足的一声"嗒"响。声响要么十足，要么全无——就是说，如果在某一给定时刻，一个光电倍增管作响了，在同一时刻，其他所有光电倍增管都不会响（除非是两个光子在同一时刻离开光源这种偶然情况）。
没有一个光子会分成两个"半光子"而走到不同的地方。

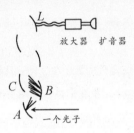

图1　光电倍增管可以探测一个单个的光子。当一个光子打到A板上时，一
个电子就被敲出来，并被吸引到带正电的B板上，敲出更多的电子。这个
过程持续下去，直到亿万电子打到最后一块板L上，并产生电流，这个电
流被普通的放大器所放大。如果将一个扩音器同这个放大器连接，每当
指定颜色的一个个光子打到A板上时，就会听到一声声同样的"嗒"声。

　　我想强调光是以粒子这种形式出现的。知道光的行为很像粒子这
一点很重要，特别是对你们这些进过学校的人，你们在学校听到的恐
怕是"光的行为很像波"这类说法。我要告诉你们，光的行为方式的确
很像粒子。

　　你们也许会说，只有光电倍增管才能探测出光是粒子，但是，不
然!所有的仪器，只要设计得对于探测弱光足够灵敏，最后总能够发现
同一情况：光是由粒子组成的。

　　我想假设你们大家对日常生活中常见的光的性质都很熟悉 —— 比
如，光走直线；进入水中时弯曲；在从镜子之类东西的表面反射时，它
射向表面的角度与离开表面的角度相等；光可以分解为色光；如果一
个小水坑的水面上有点油，你可以看到美丽的颜色；透镜可以聚光，等

等。我想就你们所熟悉的这些现象来说明光确实稀奇古怪的行为；我打算用量子电动力学的理论来解释这些熟悉的现象。刚才我讲了光电倍增管，目的是向你们说明你们可能还不大熟悉的一个本质现象——光是由粒子组成的，但是到现在，我希望你们对这点也熟悉了。

好，我想你们大家都熟悉光从一些表面（例如水表面）部分反射的现象。许多罗曼蒂克的油画，画面上有月光从湖面反射，（大概有不少次你们让湖水反射的月光弄得挺尴尬吧!）当你低头看水时，你可以看见湖面以下的东西（特别是在白天），但你也可以看到从湖面反射的东西。玻璃是另一个例子：如果你在白天点亮房间里的一盏灯，然后透过玻璃窗向外看，你可以看到窗外的东西以及房间里这盏灯的昏暗模糊的反射。所以说，光从玻璃表面是部分反射的。

在我继续往下讲之前，我想让你们知道我打算做的一个简化，以后我会把这个简化再纠正过来的：当我谈到玻璃对光的部分反射时，我打算装作以为光只是从玻璃的表面反射。事实上，一片玻璃是一个复杂得可怕的怪物——极大量的电子在那里摇来晃去。一个光子射到玻璃上时，它是同整块玻璃中各处的电子——而不是只同表面上的电子——相互作用。光子和电子一起跳着一种舞，而净结果与光子只射到表面的结果是一样的。所以让我暂时做这个简化。以后我再给你们讲，在玻璃内部实际上发生的是什么，这样你们就可以理解结果为什么是相同的。

现在我想描述一个实验，并告诉你们它的令人吃惊的结果。在这个实验中，一些颜色相同——比如说红色的光子从光源落向一块玻璃（见图2）。一个光电倍增管置于这块玻璃上方的A处，用来捕捉由前表

面反射的光子。为测量有多少光子通过前表面，把另一个光电倍增管
安置在这块玻璃的里面。你们别管把这个光电倍增管放到这块玻璃里
面有多难，只想想这个实验的结果是什么。

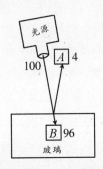

图2　这是关于测量光被玻璃的一个单个的反射面部分反射的实验。对于
离开光源的每100个光子，有4个由前表面反射回去而终止于A处的光电
倍增管，而其他96%则穿过前表面而终止于B处的光电倍增管。

对于每100个以90°垂直入射玻璃的光子，平均有4个到达A，96
个到达B。所以，所谓"部分反射"在这里的意思是，有4%的光子被玻
璃的前表面反射回去，96%则穿过去了。现在我们已经陷入困境：光
怎么能够部分反射呢？每个光子或终止于A，或终止于B——这每个光
子是怎么做出应该是去A还是去B的决定的呢？（听众笑！）听起来这
可能是个笑话，但我们不能只是笑笑而已：我们非要用理论做出解释
不可！部分反射是个深邃的奥秘，它对于牛顿是个很困难的问题。

你们或许能编造出几个可能的理论来说明玻璃为什么对光有部分
反射。其中一个理论是：玻璃表面的96%是小孔，它们可以让光通过，
而其余4%的表面则被由反射材料组成的小斑所覆盖（见图3）。牛顿
认识到，这种解释是说不通的。[1] 等一会儿，我们将会看到部分反射的

一个奇怪特点，如果那时你还坚持这个"孔斑理论"，或其他似是而非的理论，你就会给逼得发疯。

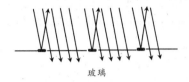

玻璃

图3　一种用来解释单一表面部分反射的理论，它说反射表面由大量的孔和少数几块斑构成，孔让光通过，而斑则将光反射回去。

另一个可能的理论是：光子有某种内部机制——"轮子""齿轮"之类在光子内部以某种方式转动——这个内部机制使光子瞄准，如果正好瞄得准，光子就穿过玻璃；如果瞄得不准，光子就反射。我们可以用这样的方法检验这个理论：在光源和第一片玻璃之间再额外放置几层玻璃，这样，那些瞄得不准的光子就会被额外置入的这几层玻璃滤出去。通过这些过滤层而到达这片玻璃上的光子应该全部是瞄得很准的，因而应该无一被反射。这个理论的问题在于，它与事实不符：即使在透过很多层玻璃之后，到达给定表面上的光子仍然有4％为这个表面所反射。

我们也许会试着创造一个行之有效的理论，来解释光子如何自己"做出决定"，是穿过玻璃，还是反射回去，但要预言一个给定光子将走哪条路是不可能的。哲学家曾说过，如果在同样的情况下，不能永远产生同样的结果，要做预言是不可能的，科学也就垮台了。这里就是这样一种情况——全同光子总是沿着相同的方向落到同一片玻璃上——可是产生了不同的结果。我们不能预言，一个给定光子将到达 A 还是 B。我们所能做的全部预言，就是在100个落在玻璃上的光子中平均将有4个被玻璃的前表面反射回去。这是不是意味着物理学——一门极精确的学科——已经退化到"只能计算事件的概率，而不能精确地预言究竟将要发生什么"的地步了呢？是的！这是一个退却！但事情本身就是这样的：自然界允许我们计算的只是概率，不过科学并没就此垮台。

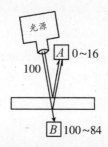

图4　这是测定光经过玻璃的两个表面部分反射的实验。光子可经由玻璃的前表面或后表面到达A处的光电倍增管，或者它们可穿过这两个表面打到B处的光电倍增管，并终止在那里。随着玻璃厚度的不同，每一百个光子中会有0-16个光子到达A处的光电倍增管。这个结果对任何合乎逻辑的理论（包括图3所示的理论）都是难题。看起来，部分反射可以被这个后增加的表面所抹杀或增大。

　　单一表面的部分反射已经是一个艰深的奥秘和困难的问题了，两个以至更多个表面的部分反射就绝对更让人头脑发懵。我告诉你们为什么。让我们来做第二个实验，测量光为两表面的部分反射。我们用一片薄玻璃取代以前那一大块玻璃，玻璃片的两个表面绝对相互平行，然后将一个光电倍增管置于这片玻璃之下，位置与光源相适应。这一次光子可能经前表面，也可能经后表面反射到达A，其余的将终止于B（见图4）。我们可能期望，前表面反射光的4%，而后表面反射其余96%的4%，加在一起，大约8%。所以我们应该得到的是，在离开光源的每100个光子中，约有8个到达A。

　　在实验条件得到精心控制的情况下，实际发生的事情是，每100个光子里有8个到达A的情况是很罕见的。用某些玻璃片，我们得到的读数总是15或16个光子 —— 两倍于我们所期待的结果。用另一些玻璃片，我们又总是得到1或2个光子的读数。再用其他一些玻璃片，得到的部分反射是10％，有些玻璃则把部分反射索性抹得干干净净。什么理论能解释这么稀奇古怪的结果呢？我们检验了这些不同玻璃的质量和均匀度，发现反射结果的差异仅取决于玻璃的厚度。

为了检验光为玻璃的两个表面反射的量取决于玻璃厚度的思想，让我们来做一系列的实验：我们从尽可能薄到最薄程度的玻璃片开始，计数从光源发出的100个光子中有多少到达A处的光电倍增管。然后我们再换一片稍厚一点的玻璃来做新的计数。将这个过程重复几十次，结果如何呢？

用尽可能最薄的玻璃，我们所得到的到达A处的光子数几乎总是0 —— 有时是1。当我们换上稍厚一点的玻璃时，光的反射量也大了一些 —— 向我们期望的8％接近。再这么换几次以后，到达A处的光子计数将超过8％这个标志。如果我们再继续换上越来越厚的玻璃，光为两表面反射的量将会达到最大值16％，然后再逐渐减小，通过8％，再回到0。如果玻璃片的厚度适当，反射就会完全没有了。（用玻璃上的

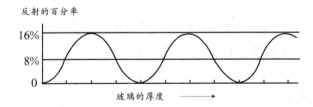

图5 仔细地测量一片玻璃的厚度与部分反射之间关系的实验结果演示了所谓"干涉"的现象。当玻璃厚度增加时，部分反射一直在0与16％之间反复循环，没有迹象表明这个循环会衰弱下去。

"孔和斑"能给出这样的实验结果吗?)

我们继续使玻璃片加厚,随着玻璃片越来越厚,部分反射再一次增加到16%,然后又返回到0——这个循环一遍一遍地不断重复(见图5)。牛顿发现了这种振荡并做了一个实验,只要这个振荡持续至少34000个循环,他这个实验就能被正确地说明。今天,利用激光(它可以产生非常纯的单色光),这个振荡已经可持续100000000个以上的循环后仍然很强——这相当于玻璃的厚度超过50米。(我们日常看不见这个现象,那是因为光源在一般情况下不是单色的。)

这样一来,我们所预言的8%,原来作为平均值才是正确的(因为实际的值是从0到16%有规则地变化),在每个周期中,它则只精确地正确两次——就像一座停摆的钟:一天只正确两次。我们怎么才能解释部分反射依赖于玻璃厚度这个奇怪的现象呢?为什么在前表面下方某适当距离的地方放上第二个表面,我们就能把玻璃前表面所反射的4%给"抹掉"呢?而将第二个表面放在距离稍微不同的另一处,我们又能把部分反射放大到16%呢?这个后表面竟然对前表面反射光的能力施加某种影响或者作用,这怎么可能呢?如果我们放置第三个表面,又会怎样呢?

放上第三表面,或再增加任意多个表面,部分反射的量再次发生变化。我们发现我们自己是在用这个理论一个表面接一个表面地追下去,同时还记挂着是否终于到达了最后一个表面。一个光子为了"决定"它是否从前表面反射出去,它就非要这样一个表面一个表面地追下去不可吗?

关于这个问题，牛顿曾做过一些天才的讨论，[2]但他最后还是承认，他还没能建立一个令人满意的理论。

牛顿以后的许多年间，两表面的部分反射现象由波动理论解释得很好，[3]当实验做到以非常微弱的光打到光电倍增管上时，波动理论就垮台了：当光越来越微弱时，光电倍增管的响声强度不减，只是次数越来越少，光的行为类似于粒子。

现今的情况是，我们还没有一个好的模型来解释两表面的部分反射；我们只是计算某特定的光电倍增管被一片玻璃反射回来的光子所撞击的概率。我选择这个计算作为我们第一个例子来讲述量子电动力学理论所提供的方法。我要告诉你们"我们怎样数豆子"——就是说为了得到正确答案，物理学家是怎么做的。我不打算解释光子实际上如何"决定"它们是反射回来，还是穿过玻璃，这个问题尚属未知。（恐怕这个问题本身就没有意义。）我将只给你们讲怎样计算光从厚度给定的玻璃片反射的正确概率，因为只有这一件事物理学家知道该怎样做。要得到用量子电动力学解释的所有其他问题的答案，其所用方法都与为得到这个问题的答案所使用的方法类似。

我希望你们能振作起精神，全神贯注地听下面这个问题——不是因为这个问题难于理解，而是因为它绝对的荒唐可笑：我们所做的全部事情，就是在一张纸上画小箭头——没有别的，就是这些！

好，那么我们现在问，一个箭头和一个特定事件发生的概率有什么关系呢？根据"我们怎样数豆"的规则，一个事件发生的可能性等于箭头长度的平方。例如，在我们的第一个例子里（即我们测量仅从前表面的部分反射），光子到达A处光电倍增管的概率是4％。与之相应的箭头的长度应为0.2，因为0.2的平方是0.04（见图6）。

图6　两表面部分反射的奇异特性迫使物理学家放弃对一个事件做绝对的预测，而只是计算它的可能性。量子电动力学给出了进行这种计算的方法——在纸上画小箭头。一个事件的概率就由以这个箭头为边的正方形的面积来表示。例如，一个代表概率为0.04(4％)的箭头的长度为0.2。

在我们的第二个实验中（即用一块稍厚的玻璃取代薄玻璃），到达A处的光子可能是从前表面反射回去的，也可能是从后表面反射回去的。对这种情况，我们怎样画箭头表示呢？为了表示从0至16％的概率（取决于玻璃的厚度，见图7），箭头的变动范围必须在0至0.4之间。

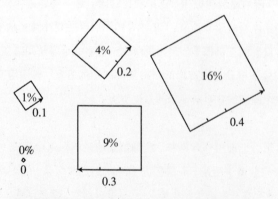

图7　代表概率从0至16％的箭头，它们的长度是从0至0.4。

我们首先考虑，一个光子能够从光源到达A处光电倍增管的各种不同方式。因为我已经做了简化，即光从前表面或从后表面反射回来，那就是说光子可通过两个可能的方式到达A。对这种情况，我们要画两

个箭头 —— 对此事件可能发生的每种方式都画一个箭头，然后把这两个箭头合成一个"最终箭头"，它的平方就代表这个事件的可能性。如果一个事件可能以三种不同的方式发生，我们就画三个分立的箭头，然后将它们合成。

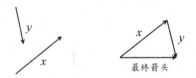

图8 一个箭头代表一事件发生的一种可能的方式，把所有这些箭头画出之后，再将它们以下列方式合成（即"加起来"）：将一个箭头的头部接到另一个箭头的尾部，每个箭头都不改变方向，然后从第一个箭头之尾至最后一个箭头之头画一个箭头，这就是合成的最终箭头。

现在，我告诉你们，我们怎样合成箭头。比如说，我们想合成箭头 x 与箭头 y（见图8）。我们所做的无非就是将 x 的头接上 y 的尾（两个箭头都不改变方向），然后自 x 的尾至 y 的头画上最终箭头，要做的，仅此而已。我们可以按这个方法合成任意多个箭头（专业术语叫作"矢量相加"）。每个箭头都会告诉你在跳舞时，要朝哪个方向，移动多远。而最终箭头将会告诉你，怎样只移动一步就可以到达同一个终点（见图9）。

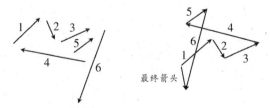

图9 用图8描述的方法，可以合成任意多个箭头。

现在来看一看，在决定我们加以合成的每一个箭头的长度和方向时，有什么特殊的规则。对这个特定的情况，我们将合成两个箭头——一个代表从玻璃前表面的反射，另一个代表从后表面的反射。

我们先看长度。正如我们在第一个实验（我们将光电倍增管置于玻璃之中）中所看到的，前表面将到达的全部光子的4%反射回去。这意味着"前反射"箭头的长度应为0.2。玻璃的后表面也反射4%，这样"后反射"箭头的长度也应该是0.2。

为决定每一个箭头的方向，让我们想象用一个秒表来记录光子的运动时间。这个假想的秒表只有一个指针，它转动得飞快。当一个光子离开光源时，我们按动秒表。只要这个光子在动，秒表就转（对红光而言，光子前进1英寸，它转36000圈）。这个光子到达光电倍增管时，我们让秒表停住。这时指针指定的那个方向，就是我们要画的箭头的方向。

为了正确地计算答案，我们还需要一个规则：当考虑光子从玻璃的前表面反跳回来这个方式时，要把箭头反过来。换句话说，当我们画后表面反射的箭头时，它的指向与秒表指针方向相同，而画前表面反射的箭头时，方向要和秒表指针方向相反。

好，现在我们来画光从极薄的玻璃片上反射这种情况的箭头。要画前表面反射箭头，我们设想一个光子离开光源（秒针开始转动），然后从前表面反跳回去，到达A（秒表指针停）。我们画一个小箭头，其长度为0.2，方向与秒表指针的方向相反（见图10）。

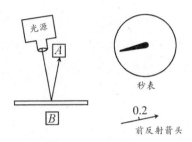

图10 在测定两表面反射的实验中，我们可以说，一单个光子可以两个方式到达A——经前表面或经后表面。两种情况下，箭头的长度均为0.2，而方向则取决于对这个光子运动计时的秒表的指针方向。"前表面"箭头的方向与秒表停转时指针的方向相反。

为了画后反射箭头，我们设想一个光子离开光源（秒表开始转动），穿过前表面，而从后表面弹回，到达A（秒表停）。这次秒表针的指向几乎同原来一样，因为从后表面弹回的光子仅用了稍长一点点的时间就到达了A——它两次穿过极薄的玻璃。我们现在画一长度为0.2的箭头，方向与秒表指针的方向相同（见图11）。

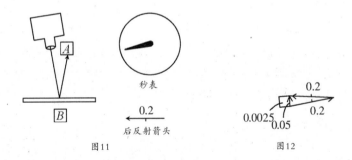

图11

图12

图11 一个从一片极薄玻璃的后表面反弹回去的光子只用稍微长了一点点的时间即到达A。这样秒表针的指向与对从前表面反弹回去的光子记时的秒表针的指向只稍稍有点不同。"后反射"箭头的方向与秒表针的指向相同。

图12 将前反射箭头与后反射箭头相加即可画出最终箭头，它的平方就代表了从一层极薄的玻璃反射的概率。结果是几乎为零。

　　现在我们来合成这两个箭头。因为它们二者长度相同，指向却几乎相反，所以最终箭头的长度几乎为零，它的平方也更接近零。这样，光从一片无限薄玻璃反射的概率实际上就是零（见图12）。

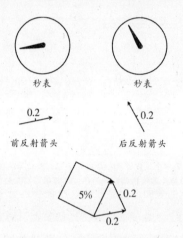

图13　对于稍厚一点的玻璃片，由于前后反射箭头之间相应的角度稍大一点，最终箭头也就稍长一点。这是因为同前一个例子相比，光子从后表面反弹回去到达A需要稍长一点的时间。

　　如果我们用一片稍厚一点的玻璃取代那片最薄的玻璃，从后表面反弹回去的光子到达A的时间比上面第一个例子就要长一些。这样，指针在停转之前就要转动得稍多一点，后反射箭头相对于前反射箭头，角度也稍稍大一些。最终箭头就稍稍长一点，它的平方相应地也就大一些（见图13）。

　　再举另外一个例子，让我们看一看玻璃的厚度足以使对从后表面反弹回来的光子计时的秒表的指针比从前表面反弹回来的正好多转半圈的情况。这次，后反射箭头与前反射箭头的指向完全相同。将这两个箭头合成，我们得到长度为0.4的最终箭头，它的平方是0.16，代表着可能性为16％（见图14）。

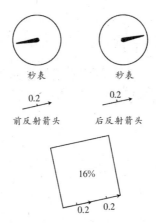

图14 当这片玻璃厚得足以使对后反射光子记时的秒表的表针多转半圈，那么前后反射的箭头最终指向同一方向，结果最终箭头的长度是0.4，这表示概率为16%。

如果增加的玻璃厚度恰恰使得测定后表面路径的秒表指针多转整整一圈，我们的两个箭头再次指向相反的方向，则最终箭头将为零（见图15）。每当玻璃的厚度足以使测后表面反射时间的秒表针又转一整圈时，这种情况就再一次发生。

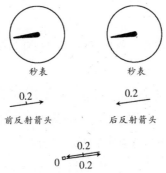

图15 如果这片玻璃的厚度刚好使对后反射光子计时的秒表的指针整整多转一圈或数圈，那么最终箭头还是零，从而完全没有反射。

如果玻璃的厚度使测量后反射时间的记秒表的指针正好多转1/4圈或3/4圈，那么两个箭头将成直角。这种情况下的最终箭头将是直角三角形的斜边。而根据毕达哥拉斯定理，斜边的平方等于其他两边的平方和。这就是前面说过的那个"一天两次"正确的值——4%+4%得8%（见图16）。

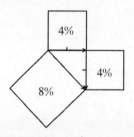

图16 在前后反射箭头相互成直角时，最终箭头是直角三角形的斜边。这样，这个斜边的平方就是另外两边的平方和——8%。

注意，当我们逐渐增加玻璃的厚度时，前反射箭头永远指向同一方向，而后反射箭头则逐渐改变方向。两个箭头相对方向的变化使得最终箭头的长度从0到0.4循环；这样，最终箭头的平方则在0到16%之间循环，这就是我们在实验中看到的现象（见图17）。

我刚才已经告诉你们，部分反射的这种奇妙特性，怎样通过在纸片上画一些该死的小箭头就能精确地计算出来。这些箭头的专业术语是"概率振幅"，如果我说我们"正在计算一个事件的概率振幅"，我觉得比较光彩些。不过，我倒倾向于一种更诚实的说法，即我们正在努力求出一个箭头，它的平方代表某事件发生的概率。

在结束第一讲之前，我想再谈谈你们在肥皂泡上见到的颜色是怎么回事。或者，更好的例子是，如果你的汽车陷在泥淖里漏了油，在观

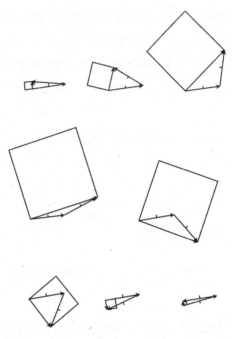

图17 当薄玻璃为稍厚的玻璃取代时，对从后表面反射的光子计时的记秒表指针转动得稍多一点，前后反射箭头之间相应的角度就改变了。这导致最终箭头长度的改变，它的平方也就从0变到16%，再回到0，这样一再的重复。

看这肮脏泥淖上棕色的漏油时，你会看到泥淖表面上的美丽颜色。浮在泥淖上的薄油膜有点像一片很薄的玻璃片。它对一种色光的反射可从零到最大值，具体数值取决于油膜的厚度。如果用纯红光照射油膜，我们就会看到红光斑被一些黑色窄条（那里没有反射）分割开，这是因为油膜的厚度并不绝对均匀。如果用蓝光照射油膜，我们将看到蓝光斑被黑色窄条分割开。如果用红和蓝两色光照射油膜，我们会看到有些区域（厚度恰好适合反射红光）仅强烈反射红光，另一些区域（其厚度适合反射蓝光）仅反射蓝光，也还有一些区域（其厚度适合反射红蓝两色光），强烈反射红蓝两色光 —— 在我们的眼睛看来，这是紫光；而在厚度适当的另一些区域，则所有的反射都相互抵销掉，这里呈现黑色。

　　为了把这个问题理解得更透彻些，我们需要知道，两表面部分反射从0到16％的这种循环，蓝光比红光重复得快些。这样，在厚度适当的某些区域，一种色光，或另一种色光，或两种色光一起被强烈反射，而在厚度为另外一些值的区域，两种色光的反射都恰被抵销掉（见图18）。反射的这个循环之所以以不同的速率重复，是因为秒表指针在对蓝光子计时的时候，比对红光子计时的时候转得快些。事实上，这是红光子和蓝光子（或者同其他颜色的光子，包括无线电波、X射线等）的唯一区别——秒表指针转速不同。

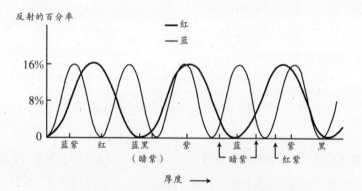

图18　随着薄层厚度的增加，两表面对单色光产生的部分反射，其反射概率以0至16％的循环而起伏。由于想象中的秒表指针的转速随光的颜色的不同而不同，所以这个循环自我重复的速率不同。这样，当比如像纯红和纯蓝这样的两色光射到这个薄层上时，某个厚度将仅反射红光，或仅反射蓝光，或以不同的比例反射红蓝两色光（因而产生出各种不同的紫光），或什么光都不反射（呈黑色）。如果薄层的厚度各处不同，比如在泥淖上散开的一滴油，上述这些现象会综合在一起发生。在阳光（包含所有色光）下，各类综合都会发生，从而产生丰富的色彩。

　　如果我们用红蓝两色光照射一层油膜，会出现红、蓝和紫色图案，其中杂以黑色间隔。当阳光（包含红、黄、绿和蓝光）照射到泥淖上的油膜时，强烈反射这些色光的区域搭接在一起，构成形形色色的综合，我们的眼睛看到的就是各种不同的颜色。当油膜在水面上扩展时，它各区域的厚度随之发生变化，色彩的图案也就不断变化。（相反地，如果你想在晚间观看路灯【钠灯】照射下的同一泥淖，你会发现只有间以黑色条纹的黄色色带——因为这些特殊的路灯仅发射一种色光。）

　　由两表面对白光部分反射而产生颜色的现象叫作彩虹现象，这在很多场合都可以见到。也许以前你们琢磨过蜂鸟和孔雀的鲜艳色彩是怎样产生的。现在你知道了。它们的这些鲜艳颜色是如何进化来的也是个有趣的问题。在观赏孔雀时，我们确应称赞一代一代貌不惊人的雌孔雀选择她们雄性伴侣的能力。（后来，人类也参与了这个活动，使孔雀选择过程的效率更高。）

　　下一讲，我要做给你们看看，对于其他一些你们所熟悉的现象，用小箭头合成这种荒唐方法怎样能计算出正确答案。这些现象包括光沿直线传播、光从镜面反射的角度与它射入镜面角度相同（即"入射角等于反射角"）、透镜聚光等。这个新的提纲将描述你们所知道的关于光的一切。

注释

　　1.牛顿怎么会知道这种解释是说不通的呢？牛顿是个非常伟大的人：他写道，"因为我会磨玻璃"。你也许会奇怪他说的糊涂话，什么叫因为你会磨玻璃，玻璃表面就不可能是"孔"和"斑"呢？原来，牛顿是

亲自磨制自己用的透镜和镜子的，而且他知道，在磨的时候他究竟是
在干什么。他是在用越来越细的粉末在玻璃表面上制造擦痕。随着擦
痕越来越细腻，玻璃的表面就从原来的暗灰（由于光为大擦痕所散射)
变得越来越透明光洁（因为这些极微小的擦痕让光通过）。这样，他就看
出，要接受光能为细小的擦痕或"孔和斑"的不规则性所影响这类的解
释是不可能的。实际上，他发现事情刚好相反，最细小的擦痕，以及与
它同样细小的斑痕都不影响光。所以孔斑理论是不可取的。

2. 牛顿让自己确信光是"粒子"，这对我们来说是很幸运的，因为
这使我们有机会了解到，一个多么富于创造性的天才头脑，在面对两
表面或多表面部分反射的这个现象时，不得不绞尽脑汁来做出解释。
(那些相信光是波动的人，就从来不会为这个问题伤脑筋。）牛顿的讨
论是这样的：虽然看起来，光是从第一表面反射的，但实际上它可能不
是从这个表面反射的。如果光真是从第一表面反射掉了的话，那么当
玻璃为一定厚度而完全没有反射时，那已经被第一个表面反射掉的光，
怎么会又给捕捉回来了呢？这样看来，光一定是被第二个表面反射的。
但是，要说明为什么玻璃厚度决定部分反射量这个事实，牛顿提出这
样一个思想：打到第一个表面上的光发出一种波或场，它随着光一起
运动并预先安排光是否从第二个表面反射。他称这个过程为"易反射
或易透射的阵发痉挛"，它周期性地出现，并取决于玻璃的厚度。

这个思想有两个困难：第一个是附加表面的作用——每一新表面
都影响反射——这我们在讲课时，已经讲过了。另一个问题是光肯定
要为湖水所反射，而湖却没有第二个表面，所以光必定是由前表面反
射的。对于这种单表面的情况，牛顿说光事先已经有了反射的安排。一
个理论要求光知道它将要打上的是怎样的表面，以及是否是唯一的表

面，我们能接受这样的理论吗？

牛顿显然知道他的"易反射或易透射的阵发痉挛"理论不能令人满意，但他没有强调这个理论带来的这些困难。在牛顿那个时候，人们对理论带来的困难只做简单的处理，掩饰过去——这同我们今天在科学上对待难题的方式不同。今天，我们要把我们的理论和实验观测不相符合的地方指出来。我可不是要说任何反对牛顿的话，我只是想夸一夸我们今天在科学上相互交流时是怎么做的。

3. 波动理论解释这个现象利用的是波可以相长或相消的事实，根据这个模型所做的计算，与牛顿的实验以及此后几百年的实验相符合。但是仪器已经进步到精确得足以探测出单个光子的程度，这时，波动理论的预言是光电倍增管的作响声将越来越弱——但事实上，每一次作响的强度始终如一，只是作响的次数越来越少。没有一个说得通的模式能够解释这个事实——所以曾经有过那么一个时期，那时人们非得一时一时地放聪明点不可：为了说光是波动还是粒子，你必须要知道你在分析的是什么样的实验。人们称这种混乱状况为光的"波－粒二象性"，或者像一个人开玩笑说的那样：光在星期一、三、五是波动，二、四、六是粒子，而在星期日，我们就要思考它是什么。这个讲座的目的，正是要告诉你们，这个谜最终是怎样解开的。

第2章

光子：光的粒子

这是关于量子电动力学的系列讲座的第二讲。显然诸位上次都不在座（因为上次我告诉大家，他们别打算听懂任何东西），所以我先把第一讲的内容简要地总结一下。

第一讲我们讲的是光。光的第一个重要特点是，它看起来是粒子：如果我们用非常微弱的单色光（即一种颜色的光）打到探测器上，那么当光越来越弱时，探测器作响的次数就越来越少，但每次作响的声响的大小不变。

上一讲讨论的光的另一个重要特性是单色光的部分反射。打到玻璃单表面上的光子有4％被反射回来。这件事就已经是个艰深的奥秘了，因为不可能预测哪个光子反回来，哪个光子穿过去。加上第二个表面后，结果更是奇怪，两表面的部分反射不是所期望的8％，而是可以高达16％，或完全没有——究竟如何则取决于玻璃的厚度。

两表面部分反射的这个奇怪现象，在强光的情况下，可由波动理论来解释，但波动理论所不能解释的是，在光越来越微弱时，探测器发出的"嗒""嗒"声总是同样的强。量子电动力学"解决"了这个"波-粒二象性"的问题，它的说法是，光是由粒子组成的（正如牛顿原来所想的那样），但科学的这个巨大进步的代价是物理学被迫后撤，撤到它所能计算的只是一个光子打中探测器的概率这种地步，而给不出一个很好的模型来说明：实际发生的到底是什么。

在第一讲中，我介绍了物理学家如何计算一个特定事件发生的概率。他们根据一些规则在纸片上画出一些箭头，这些规则是：

——基本原则：一个事件发生的概率等于所谓"概率振幅"之箭头的长度的平方。例如一个长度为0.4的箭头代表着0.16（或写作16％）的概率。

——一个事件可能以几种不同方式发生时，画箭头的一般规则是：对每种方式画一个箭头，然后合成这些箭头（把它们加起来），即用一个箭头的尾钩住前一个箭头的头。从第一个箭头之尾画向最后一个箭头之头，就画出了"最终箭头"。最终箭头的平方即给出整个事件的概率。

关于玻璃部分反射的情况，还有一些特殊的画箭头的规则（可参阅第一讲有关部分）。

上述内容就是对第一讲的一个复习。

刚才讲的这个世界模式同你们过去所见过的任何模式都完全不同（而且恐怕你们希望永远不要再见到这样的模式了），现在我要做的就是给你们讲，用这个模式怎么能够解释你们所知道的关于光的全部简单性质：光从镜面反射时，入射角与反射角相等；光从空气进入水中时会发生弯曲；光直线行进；光能通过透镜聚焦，等等。这个理论还能解释光的许多你们恐怕还不大熟悉的性质。我实在是愿意把你们在学校那么多年所学到的关于光的全部性质统统推导出来。实际上我在准备这个讲座时，感到最困难的是我必须克制自己的这个愿望，比如推导出光穿过边界进入阴影时的行为（称为"衍射"），等等。由于你们当中绝大多数人恐怕并未仔细地观察过这类现象，我只好忍痛割爱，不讨论它们了。但是，我可以向你们保证（不然的话，你们对我下面要举的例子会产生误解），所有被仔细观察了的光现象，量子电动力学都能够解释，尽管我打算讲的只是那些最简单、最普通的现象。

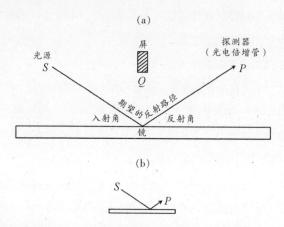

图19 经典世界观认为镜子反射光是从镜面上能使光的入射角与反射角相等的地方反射的，即使光源与探测器位于不同的水平高度时也是这样。见图(b)。

我们的讨论从一面镜子开始 —— 确定光从镜面如何反射的问题（见图19）。我们在 S 处放置一个以很低强度发射单色光（让我们假设还是红光）的光源。这个光源一次只发射一个光子。在 P 点，我们放置一个光电倍增管来探测光子，为了对称，让它的高度与光源的高度相同。如果所有的东西都对称，画箭头将容易些。我们想计算的是一个光子被光源发射出来后使探测器作响的机会是多大。由于光子也可能走直线到达探测器，我们在 Q 处放置一个屏板防止这一点。

现在我们会期望所有到达探测器的光都是从镜的中央反射出来的，因为只有在这里，入射角才等于反射角。而且看来很明显，镜面上靠近两端的部分同反射没什么关系，就像它们同奶酪价格没什么关系一样，对吗？

　　你尽可以这样认为，就是说你可以认为镜面靠两端的部分同从光源出来的光子经反射到达探测器这件事没有任何关系。我们还是来看看量子电动力学是怎么说的。我们再重复一遍规则：一个特定事件发生的概率是最终箭头的平方。（将一个事件发生的每一种可能方式画一个箭头，然后将所有这些箭头合成，即"相加"，就可以得到最终箭头。）在以前我们讲过的那个两表面部分反射的实验里，光子从光源到达探测器可以有两种方式。而在这个实验里，一个光子可有千万条路可走：它可能向下到镜子左端的 A 或 B（打个比方），然后反弹上来到达探测器（见图20）；它也可能从你认为理所当然的 G 处反弹回来；或者它可能下到镜子右端的 K 或 M 处，而后弹上来到达探测器。你也许会想我这么说简直是在发疯，因为我所说的光子从镜子反射的大部分可能路径，入射角与反射角并不相等。但是，我并没发疯，因为光实际走的路就是如此！——这怎么可能呢？

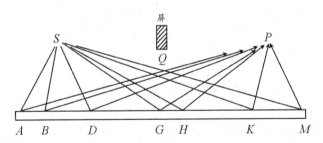

图20　量子世界观认为，光从镜面上任何部分（自 A 至 M）反射的振幅都相等。

　　为了使这个问题比较容易理解，我们假设这个镜子只是从左至右的这么一个长条——同样，我们最好也暂时忘记这镜子是从纸面上凸起的（见图21）。虽然实际上光可以从这个小长条镜子上面的成千上万处反射，但我们暂把这条小镜子分成一定数量的小正方格，而且对每个小正方格仅考虑一条反射路径。当我们把正方格画分得更小，从而考虑更多的反射路径时, 我们的计算就更精确一些 (但也更困难一些) 。

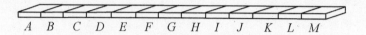

图21 为了比较容易地计算出光走到何处, 我们暂时只考虑一长条镜子, 把它分割为许多小方块, 一个方块对应着一条光路。这种简化绝对无损于对情况的精确分析。

现在我们把在这种情况下, 光能走的每一条路径画一个小箭头。每个小箭头都有一定的长度和方向。我们先来考虑长度。你也许会认为通过镜子中心的 G 点的箭头最长, 而且永远长于其他箭头 (因为看来光子要到达探测器, 非走这条路不可, 所以光子走此路的概率非常高), 而代表途经镜子两端的箭头一定相当短。不!不是这样!我们不应该提出这类任意武断的规则。正确的规则 —— 即实际发生的情况 —— 要简单得多: 对到达探测器的每一个光子来说, 它走的任何一个可能路径的机会都几乎相同。这样, 所有小箭头的长度都几乎一样。(实际上, 由于角度和距离不同, 诸小箭头在长度上略有差别, 不过小到我准备忽略不计。) 这样, 可以说, 我们所画的每一个小箭头都可有任意的标准长度 —— 我打算把这个长度定得很短, 因为要代表光可能走的众多路径会有非常多的箭头 (见图22) 。

图22 在我们的图中, 光可能走的每条路径将由一个任意标准长度的箭头代表。

虽然我们可以很安全地假设, 所有箭头的长度都几乎相同, 但由于各光子的计时不同, 它们的方向则明显不同 —— 第一讲中我们曾说过, 一个特定箭头的方向是由测定光子沿着某特定路径运动所需时间的秒表指针的最终位置来决定的。如果一个光子途经镜子左侧的 A 点，然后上来到达探测器，它所经历的时间显然长于经镜中央 G 点而反射到探测器上的光子所用的时间（见图 23）；或者，你可以想象一下，你匆匆忙忙想赶快从镜子上方的"源"点经过镜子到达探测器。你会知道，经过 A 点到达探测器肯定不是好办法，经过镜中央的某点一定会快得多。

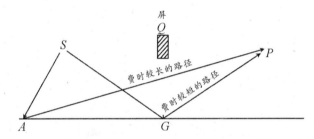

图 23　所有这些箭头长度虽然差不多一样，但方向却各不相同，因为光子走不同的路径所需时间不同，走经 A 至 P 的路显然比经 G 至 P 的路需要的时间长。

为了帮助我们计算每个箭头的方向，我准备在那个镜子反射草图的正下方，再画一个图（见图 24）。在镜子上光可能进行反射的每个地点的正下方，竖直地表示光走这条路所需的时间。所需时间越长，图上的点也就越高。从左端开始，光子途经 A 反射的这条路所需的时间相当长，所以我们把相应的点在图上标得很高。随着逐步移向镜子中央，光子沿我们注视的那一条条特定路径所需的时间越来越短，相应的点将依次标得越来越低。在通过镜子中央后，光子走过那些路径所需的时间会越来越长，于是相应的点将标得越来越高。为了看着方便，我们把这些点连起来，它们组成一条对称的曲线，起点很高，然后向下，再回升到起始的高度。

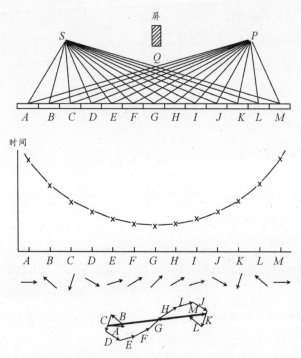

图24 光可能走的所有路径（在这个简化的情况下）见此图的上部，图上
各点的正下方标出一个光子从光源途经镜上该点到达光电倍增管所需的
时间。它的下面画的是每一个箭头的方向，最下面是所有箭头相加的结
果。显然对最终箭头的长度做出主要贡献的是从E到I的箭头，由于这些
路径的计时结果几乎相同，它们的方向也就几乎相同。这里也恰好就是
所需时间最短的地方。所以，光走需时最短之路是大体不错的。

那么，这些小箭头的方向意味着什么呢？一个特定箭头的方向对应
着光子从光源到探测器沿着该特定路线所需要的时间。我们画几个箭
头，先从左方开始。路径A用的时间最长，它的箭头指向某个方向（见
图24）。路径B用的时间与路径A不同，所以它的箭头方向也不同。在
镜子的中部，箭头F、G和H指向几乎相同的方向，因为它们用的时间
几乎相同。在通过镜子中央之后，我们看到镜子右侧的每条路径都对
应着左侧的一条路径，二者所用的时间完全相同（这是我们把光源和

探测器放在同一高度，并使路径 G 正好位于中央的结果）。这样，例如说路径 J，它的箭头与路径 D 的箭头就有相同的方向。

好了，让我们把这些小箭头加起来（见图 24）。从箭头 A 开始，我们把这些箭头一个一个头尾相接地勾起来。现在如果以每个小箭头为一步来散步的话，我们会发现，在开始时，散了半天步，我们也没从起点走出多远，因为每一步与它的下一步方向大不相同。但是过一会儿以后，箭头开始取大致相同的方向。这样，我们的散步就前进了一些。最后，在快散完步时，每一步与下一步之间，方向又开始明显不同 —— 脚步又有点跟跄起来。

我们现在要做的事就是画最终箭头。只要把第一个小箭头之尾联上最后一个小箭头的头就行了。现在看看我们在散步时到底走了多远（图 24）。看哪 —— 我们得到一个相当可观的箭头！量子电动力学的理论预言，这个光确确实实从镜子反射出去。

好，现在来研究一下，是什么决定了这最终箭头到底有多长。我们注意到几件事情。第一，镜子的两端并不重要：在两端，这些小箭头转来转去，走不出多远。如果把镜子两端给砍掉 —— 你可能早已直觉地感到我摆弄这两部分是在浪费时间 —— 对最终箭头的长度不会有什么影响。

那么，镜子的哪部分对最终箭头的长度至关重要呢？那就是其代表箭头取向大致相同的部分，因为走这些路径所需的时间几乎相同。如果看一下图 24 对每条路径所标出的时间，你就会发现，曲线底部路径的时间（那里的时间最短）大致是一样的。

总之，所需时间最短之处也就是附近路径所需时间大致相同之处；也就是小箭头指向基本相同，因而对最终箭头的长度做出实质性贡献之处；是决定光子从镜面反射概率之处。这也就是为什么在做近似处理时，我们可以心安理得地接受一个粗糙的世界图像，即光仅走最短时路径（很容易证明，在所需时间最短之处，入射角等于反射角，但这里我没时间给你们证明了）。

这样，量子电动力学的理论给出了正确的答案——对于反射，镜子中部是重要部分——不过为得到这个正确结果，我们付出了很大代价，这就是相信光从镜子所有各处反射，并把这些小箭头统统加起来，而这么做的唯一目的是把它们相互抵销掉。也许在你们看来，所有这一切都是在浪费时间，不过是数学家的某种傻乎乎的游戏而已。毕竟，研究一些仅仅是为了将其抵销掉的东西，不大像是真正的"物理学"。

现在我们再做另一个实验，以考察整个镜子确实都在反射的思想。首先我们把镜子的大部分截掉，只留下左面的大约1/4。我们留下的这部分镜子不算小，只是位置不大适当。在以前讲的实验中，镜子左面部分箭头的指向相互之间差别很大，因为相邻路径之间，所需时间差别很大（见图24）。在这个实验中，我准备对这部分做比较详细的计算。我的作法是：在镜子左面的部分精心划出间隔，使邻近路径之间所需时间差不多（见图25）。从这个更细致的图可以看出，一些箭头多少都指向右方，另一些箭头则多少都指向左方。如果我们把所有箭头统统加在一起，那就是有一把指向四面八方的箭头——它们的指向实际上是绕着圆转了一圈，相加结果等于零。

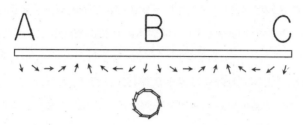

图25 为了检验镜子两端确有反射发生（只是它们恰好都给抵销掉了）这个思想，我们用一面大镜子做个实验，把这面大镜子放在对于从S到P的反射并不合适的地方。将这面镜子划分为相当小的小区域。这样沿一条路径所需的时间与相邻路径比起来相差无几。可是如果将所有这些箭头统统加起来，它们就一筹莫展了：这些箭头围成个圈，加起来几乎为零。

但是，假设我们仔细地刮去这面镜子中那些箭头偏向一方的（比如偏左方的）区域，这样，只有箭头指向偏右的区域留下来了（见图26）。如果把这些指向大致偏右的箭头加起来，我们就得到一连串的洼和一个指向偏右的很大的最终箭头——根据量子电动力学理论，这意味着现在该有一个强反射！果然，我们就得到了强反射——这个理论确实是正确的！这样的镜子叫作衍射光栅，它工作起来真像一面魔镜。

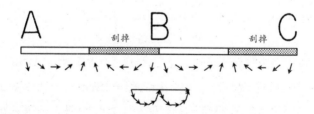

图26 如果将只偏某一指定方向（比如偏右）的箭头相加，而其他箭头都不考虑（由于它们代表的那部分镜面已被蚀刻掉），那么位于不恰当位置的这面镜子也会反射大量的光。经过这样蚀刻的镜子叫作衍射光栅。

　　这不是妙极了吗？——你把一面镜子放在你本不指望它会有任何反射的地方，只把它的某种部分给刮下来，它居然反射了。[1]

　　我刚才给你们看的那片光栅是为红光制作的，对于蓝光，它就不起作用了；要想用于蓝光，得做新光栅，这时蚀刻掉的条纹彼此间要挨得更近些，因为正像我在第一讲中告诉你们的，秒表对蓝光子记时的时候，表针要转得比对红光子快些。所以，那些特地为"红"转速设计的刻纹位置对于蓝光就不适用了。这时箭头会缠绕在一起，光栅就工作不灵了。但是，也有事出意外，如果我们把光电倍增管移到某个不同的角度，为红光制造的光栅就可以为蓝光工作了。这真是个幸运的意外——它是几何学干预的结果（见图27）。

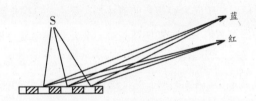

图27　如果把探测器换个地方，刻痕距离适合于红光的衍射光栅也可以为其他色光工作。这样，我们就有可能看到从刻有纹路的表面（如唱片）反射的不同颜色，至于看到何种颜色，则取决于角度。

　　如果你把白光射到光栅上，红光会从一个地方射出来，稍微靠上一点的是橙色光，然后是黄、绿、蓝色光——虹的全部颜色都会出现。如果白光从适当角度照射到一列密集的沟纹上——比如一张唱片（或者录相盘就更好），人们常常能够看到七彩的颜色。大抵你们已经见过那些美妙的银色标记（在阳光充足的加利福尼亚，人们常把它们贴在车尾）：当汽车移动时，你们会看到非常鲜艳的颜色由红至蓝地变化。现在你们知道颜色是从哪里来的了：你们正在观看一个光栅——一面某些部分被恰到好处地处理掉了的镜子。太阳是光源，你的眼睛则是探测器。我还可以很容易地继续解释激光和全息图如何工作，不过我知道并不是所有的人都见过这些东西，而我还有许许多多的内容要讲，这个题目就到此为止吧！[2]

光栅的例子说明了，我们不能忽视镜子上那些似乎不能进行反射的部分；如果对镜子做一些巧妙的处理，我们就能演示反射确实来自镜子各部分的这个事实真相，并制造出一些惊人的光学现象。

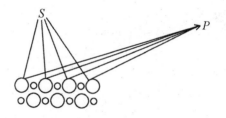

图28 自然界以晶体的形式制造了许多类型的衍射光栅。一个盐晶体以各种不同角度反射X射线（对X光记时的时候，想象中的秒表针转动得极快——恐怕比可见光要快10000倍），从这些角度可以精确地确定各原子的排列和间隔。

更重要的是，演示镜子所有部分都进行反射这个事实真相说明了，事件发生的每种可能的方式都有一个振幅。而且为了正确计算在不同情况下一个事件发生的概率，我们必须把代表事件发生的所有可能方式的箭头都加起来，而不是只加我们认为重要的那些箭头。

下面，我想讲讲比光栅更为人熟悉的现象——关于光从空气进入水中的现象。这次，我们把光电倍增管放在水下——假定实验员能够安排好这些事。光源是在空气中的 S 处，探测器是在水下的 D 处（见图29）。我们再次计算一个光子从光源到达探测器的概率。为了做这个计算，我们应该考虑光行进的所有可能路径。光行进的每一条可能路径都贡献一个小箭头，而且，同上面的例子一样，所有的小箭头长度都大致相同。我们可以再次绘制一张标明光子以通过各可能路径所需时间的曲线图。这个图的曲线将同我们原来绘制的光从镜面反射的那个图的曲线很相似：它始于最高点，然后向下，再返回向上；最重要的贡献来自箭头指向几乎同一方向的那些地方（在那里，一个路径与相邻路径所需时间相同），这就是曲线底部所对应的地方。这里也是所需时间最短的地方，所以我们要做的就是找出哪里是需时最短之处。

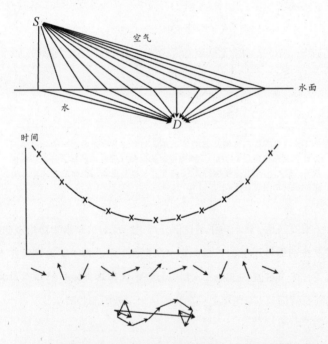

图29　量子理论告诉我们，光从空气中的光源到水中的探测器可有多种方式。如果把这个问题像前面处理镜子问题那样做简化处理的话，我们就可以画出一张各路径所需时间图，每个路径的下方标出与之对应的箭头的方向。我们再一次看到，对于最终箭头的长度做出主要贡献的，还是那些其箭头几乎指向相同（由于它们的计时几乎相同）的路径，而且再次看到，这是需时最短之处。

　　原来，光在水中行进看来要比在空气中慢些（在下一讲中，我将要解释为什么），这就使得光在水中通过的距离比在空气中通过的距离"昂贵"些（姑且用这个词吧）。要找出哪条路径需时最短并不难：假定你是游泳池救生员，坐在 S 处，这时在 D 处一个漂亮的姑娘快要淹死了（见图 30）。你在陆地上跑要比水中游泳快得多。问题是，为了最快到达那位出事的姑娘身边，你应该在何处入水？你会在 A 处入水，然后拼命游泳吗？当然不！但是你笔直地奔向出事人，在 J 处入水也并不是最快的路径。在这种人命关天的紧急当口，救生员如果先来一番分析、计算，那就太蠢了，但是可以估计出一个位置，从那里入水，用的时间最短：即在直路（过 J 点）和水中最短的路（过 N 点）之间的一条折中路径。光的情况一样——最短时间路径的入水点在 J 和 N 之间，比如 L。

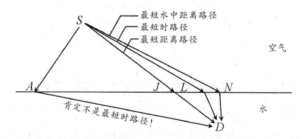

图30 要找出光以最短时间通过的路径，就像救生员要选择一条费时最少的路径去救人一样。这时他需要在陆地上跑一段，然后在水中游一段：距离最短的路径，需要游泳太多；需游泳最少的路径，在陆地上跑的路又太长；费时最少的路径是在这两者之间。

　　这里我想简短提一下另一个光现象，那就是海市蜃楼。在一条很热的路上开车时，有时你能够看到路上有水一样的东西。你实际看到的是天空。一般情况下，能看到路面上呈现天空，是因为路面上汪着水（光被单表面部分反射）。但路面上没有水时，你怎么能够看到天空在路面上呢？你们要知道，光在较冷的空气中行进得比在较热的空气中慢些。在看到海市蜃楼时，紧贴路面一定有层热空气，观察者则站在这层热空气之上的较冷空气里（见图31）。只要找出最短时路径，就可以理解为什么低头向下看居然就能看到天空 —— 怎么居然会这样呢？我请你们回去拿这个问题消遣消遣 —— 想想问题是很有意思的，而且这问题也容易想出来。

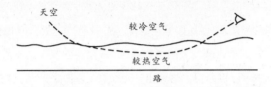

图31 求出最短时路径可以解释海市蜃楼是怎么回事。光在热空气中比在冷空气中行进得快些。天空似乎在路面上是因为来自天空的一些光从路面反上来到达我们的眼睛。天空似乎在路面上唯一的另一种情况就是路面上的水对天空的反射。这时的海市蜃楼就呈现在水面上。

在上面讲的光从镜子反射及光通过空气后入水的例子里，我做了近似处理：为了简单起见，我把光可能走的每条路径都画成了衔接在一起的两段直线 —— 构成一个角的两直线。但事实上，并不是非得假设光在空气或水这类均匀介质中走直线不可；量子理论的一般原理 —— 即一个事件发生的概率的计算方法是把代表这个事件发生的所有可能的方式的箭头都加起来 —— 甚至可以解释光为什么走直线。

所以，在下面这个例子里，我准备让你们看一看，把小箭头加起来怎么就能显示出光沿直线前进。我们把光源和光电倍增管分别放在 S 和 P 处（见图32），看看光从光源到探测器所能走的所有路径 —— 包括所有各种弯路。我们给每条路径画个小箭头。好，现在请仔细听。

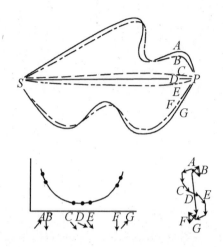

图32　量子理论能够用来说明光为什么看来是走直线的。在考虑所有可能路径时，每一条弯路都会有一条与之邻近，但距离短得多、费时也少得多（因而箭头方向大不相同）的路。只有在经D点的直线路径周围的那些路径，它们的箭头才有大致相同的方向，因为它们用的时间几乎相同。只有这些箭头才是重要的，因为靠它们我们才最终累积起一个大箭头。

对于每一条弯路，例如路径A，都有一条和它紧邻、但比它稍直一点，也显然比它短的路——就是说，走这条稍直的路所需时间显然短得多。但是，在路径几乎变直的那些地方——例如，在C处，与它紧邻而稍直的路径所需时间与它几乎相同，正是在这些地方，箭头相加时，是相长而不是相消，这正是光行进的路径。

有一个很重要的问题应该注意，即在计算光从光源出发到达探测器的概率时，只计及代表通过D点的直路的那孤零零一个箭头是不够的（图32）。像通过C和E的那些相当接近直线的途径也都对概率做出重要贡献。所以，光并不真是只沿一条直线前进；它能"嗅出"与之邻近的那些路径，并在行进时，占用直线周围的一个小小的空间。（同样的道理，为了能正常反射，镜子也一定要有足够的大小：如果镜子小得

无法容纳直线路径周围的邻近路径, 那么, 无论你把镜子放在何处, 光
都将沿许多方向散射。)

　　我们现在比较仔细地研究一下这一小束光: 把光源放在S处, 光电
倍增管放在P处, S与P之间安放一对屏板, 以防光路太散 (见图33)。
我们把第二个光电倍增管放在P下面的Q处, 而且为简单起见, 我们再
次假设, 光只沿由成一角度的两段直线构成的路径从S到达Q。好, 我
们看会怎么样呢? 在两屏板之间的距离大得足以容纳多条彼此靠得很
近的到达P和到达Q的路径时, 到达P点诸路径的箭头相加时是彼此相
长 (因为所有到P点的路径都需要几乎相同的时间), 而至Q点路径的
箭头却都彼此相消 (因为这些路径所需的时间大不相同)。所以, Q点
的光电倍增管就不会作响。

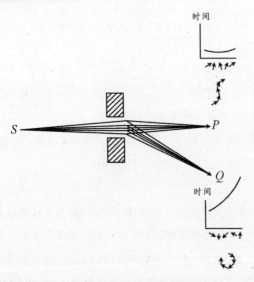

图33 光并不是只沿直线前进, 它也沿直线周围的路径前进。如果两屏板
之间距离宽得足以使这些邻近路径通过的话, 那么光子一般是到达P, 几
乎不到达Q。

　　但是，让我们把两个屏板推得彼此越来越接近，当接近到某一程度时，Q 处的探测器就开始作响！在两屏板间的空隙小到几乎要合拢，因而只有很少几条紧邻的路径可以通过时，到 Q 点的那些箭头也彼此相长了，因为它们所需时间也几乎没有差别（见图 34）。当然，P、Q 两处的最终箭头都是很小的，就是说无论是到 P 还是到 Q 都没有多少光通过这个小孔，而 Q 处探测器作响的次数几乎和 P 处的一样多！所以，当你试图把光路挤压得极窄以确定光只走一条直线时，光会由于你挤压得太窄而拒绝合作，并开始散射开来。[③]

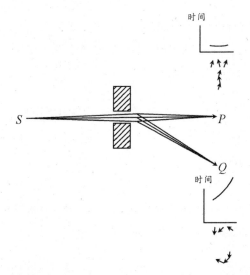

图 34　如果光被拘束得很厉害，只有很少几条路可走时，在得以通过窄缝的光当中，到达 Q 的同到达 P 的几乎一样多，因为代表到达 Q 点的几条路径的箭头已经少到没什么可抵销的了。

　　所以说，光沿直线前进，只是一种习惯性的近似说法，用以描述我们熟知的自然界发生的事情；同样的，当我们说光从镜子反射，入射角等于反射角时，这也只是个粗略的近似。

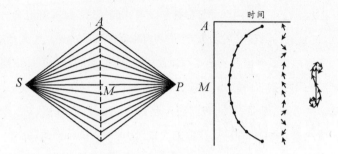

图35 我们把对从S至P所有可能路径的分析简化为只分析由许多成对的两直线构成的路径（都在同一平面上）。结果同较复杂的真实情况一样：那是一条有极小值的时间曲线，极小值处对最终箭头贡献最大。

正像我们能用聪明的小窍门使光从镜面上以多种角度反射出来一样，我们也能用类似的窍门使光从一点经多条途径到达另一点。

首先，为了使情况简化，我在光源和探测器之间画一条竖直的虚线（它没有什么意义，只是一条人为的线，见图35），并声明我们要考察的只是那些由成对的两直线构成的路径。图35表明，看来，每条路径的所需时间同镜面反射的情况一样（只是这次我把所需时间在旁边画出来）；这条曲线始于顶端的A，然后往内弯，因为中间的路径比较短，所以用的时间较短，最后这曲线再向外弯出来。

现在我们来做件好玩的事，让我们"骗骗"光：想个办法使所有这些路径都用完全相同的时间。怎样才能做到这点呢？我们怎样才能使经过M的最短路径和经过A的最长路径用完全相同的时间呢？

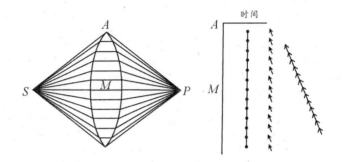

图36 让较短路径上的光放慢速度，是我们可对自然界耍的一个"花招"：将厚薄刚好适当的玻璃插入光路，使所有光路都需用完全相同的时间。结果所有箭头都指向同一方向，造成一个异常巨大的箭头——有大量的光通过。这种使光从光源到达另外单独一个点的概率大大增加的玻璃叫作聚焦透镜。

　　好，我们看，光在水中行进得比在空气中慢些；它在玻璃中也比在空气中慢些（用玻璃我们就好控制多了）。这样，如果在通过 M 的最短程处放置一厚薄适当的玻璃，我们就能使光走这条路用的时间与通过 A 的那条路径用的时间完全相同。与 M 邻近的那些路径，它们只是稍长了一点，玻璃不需要和M处玻璃一样厚（见图36）。离 A 越近，用来使光放慢速度的玻璃就越薄。如果对于每条路径，都把用于补偿光通过时间的玻璃的厚度计算出来，并按厚度把玻璃放上去，我们就能够使所有时间都相同。对于光可能走的每条路径都画出箭头，就会发现，我们已经一个接一个地把箭头都弄直了——确实有亿万个小箭头——所以纯结果是个意想不到的、大得惊人的最终箭头！当然，你知道我在这里讲的是什么：这就是聚焦透镜。如果安排得当，使所有的时间都相等，我们就可以把光聚焦——就是说，能以相当高的概率使光到达一指定地点，而到达任何其他地方的概率则很低。

　　我用这些例子向你们说明了，量子电动力学的理论初看起来是怎样的无缘无故和荒诞无稽，没有机制，一点儿也不真实，但它得出的结果却是你们大家都熟知的：光从镜面的反弹，光从空气进入水中时的弯曲，以及光被透镜聚焦。它还能得出其他你们也许见过、也许没见过的结果，比如衍射光栅等。事实上，这个理论在解释光的所有现象时都一直是成功的。

　　我已经用几个例子给你们讲了，如何计算能以多种可择方式发生的一个事件的概率：对一个事件发生的每一种可能方式画一个箭头，然后将所有箭头加起来。"把箭头加起来"的意思是使这些箭头首尾相连地接起来，然后画出"最终箭头"。最终箭头的平方就是这个事件发生的概率。

　　为了让你们再好好品尝品尝量子理论的风味，我现在给你们讲讲物理学家如何计算复合事件的概率——复合事件是可被分为一系列步骤的事件，或是由数个独立发生的事情所组成的事件。

　　把我们的第一个实验——将几个红光子射向一块玻璃的单表面来测量部分反射——略加修改，就是一个复合事件的例子。现在我们在 A 点不放光电倍增管（见图 37），而是放一个带孔的屏板，使到达 A 点的光子通过这个孔。然后在 B 点置一块玻璃，在 C 点放一个光电倍增管。我们怎样才能求出一个光子从光源到达 C 的概率呢？

　　这个事件可以分作先后两步来考虑。第一步：一个光子从光源经玻璃的单表面反射到达 A；第二步：这个光子从 A 经 B 处的玻璃反射而到达 C 处的光电倍增管。这两步中的每一步都有一个最终箭头——

即"振幅"（我准备交替使用这些词），我们可用迄今我们所知道的规则把这两种最终箭头计算出来。第一步的振幅长度是0.2（它的平方是0.04，这就是光子从玻璃的单表面反射的概率），它转的角度是——例如说，转到2点钟（见图37）。

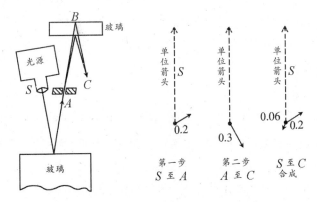

图37　一个复合事件可以分解为一系列相继步骤。在这个例子里，光子从S到C的路径可分为两步：

①一个光子从S到A；

②这个光子再从A到C。这两步可以分开来分析，每一步的结果是一个箭头，我们可以用新眼光来看待这个箭头：把它看作是由一个单位箭头（长度为1、指向12点钟的箭头）缩短和旋转得到的。在这个例子里，第一步是缩短至0.2，转到2点钟；第二步是缩短至0.3，转到5点钟。要得到这先后两步的振幅，就要相继地缩和转：一个单位箭头缩至0.2，转到2点钟，之后，把这得到的箭头作为单位箭头，再缩至0.3，转到5点钟，最后得到的是一个长度为0.06、指向7点钟的箭头。这个连续缩、转的程序就叫"箭头相乘"。

　　为了计算第二步的振幅，我们暂时把光源放在A，将光子瞄准A上方的那片玻璃。画出从前后两表面反射的箭头，并将它们加起来——比如说，最终箭头的长度为0.3，它转的角度是5点钟。

好，我们怎样才能将这两个箭头合起来画出整个事件的振幅呢？我们以一种新方式看待这两个箭头：把它们看成是一个缩短和旋转的指令。

在这个例子里，第一个振幅的长度是0.2，并指向2点钟的方向。若从"单位箭头"——长度为1、指向上方的箭头——开始，我们可把它的长度从1缩短到0.2，并将它的指向从12点钟旋转到2点钟。第二步的振幅可以想象为将单位箭头从1缩短到0.3，并将它从12点钟转到5点钟。

好，现在我们把这两步的振幅合起来，即接连两次缩短并旋转。第一次，我们将单位箭头从1缩短至0.2，然后将它从12点钟的方向旋转到2点钟；接着，进一步将0.2缩短至0.2的3/10，再旋转一个相当于从12点钟到5点钟的角度——就是说从2点钟旋转到7点钟。最后我们得到一个箭头，它的长度为0.06，指向是7点钟。它所代表的概率是0.06的平方，即0.0036。

仔细观察这几个箭头可以看出，连续缩短和旋转两个箭头等同于将两者的角度相加（2点钟加上5点钟），而将它们的长度相乘（0.2×0.3）。要理解为什么要将角度相加是容易的：箭头的角度取决于想象中记秒表指针旋转的多少。这样，接连两步的旋转总和就只不过是第一步的旋转量与第二步再次旋转的量之和。

关于为什么我们把这过程叫作"箭头相乘"，我想稍微多解释两句，费点时间，但很有意思。让我们先从古希腊人的观点，看看什么是乘法（这与我们这个讲座没有什么关系）。古希腊人想使用一些并非一定是整数的数，所以他们用线段来代表数。任何一个数都可以用单位线段的变换——将它展长或缩短——来代表。例如，如果线段A是单位线段（见图38），则线段B代表2，线段C代表3。

那么，我们怎样表示3乘以2呢？方法就是连续变换。开始，我们以线段A作为单位长度，将它展长2倍，再展长3倍（或者先展长3倍，再展长2倍——先后顺序没有关系）。结果就得到线段D，它的长度代表6。那么1/3乘以1/2又怎么办呢？这次，我们以线段D为单位长度，把它缩短到1/2（成为线段C），再将线段C缩短到1/3，结果就是线段A，它代表1/6。

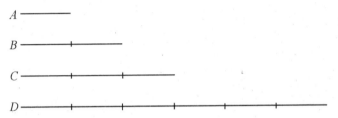

图38 将一个单位长度展长缩短，改造一番，我们就可以表示任何一个数。若A是单位长，B就代表2（展长），C就代表3（展长）。通过连续变换可达至线段相乘。比方，3乘以2就意味着将单位长展3倍再展2倍，得到的答案是展长到6（线段D）。若D是单位长，线段C就代表1/2（缩短），线段B代表1/3（缩短），而1/2乘以1/3意味着将单位线段D缩短到1/2，然后再将1/2缩短到它的1/3，得到的答案是缩短到1/6（线段A）。

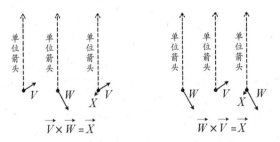

图39 数学家发现箭头相乘也可用单位箭头的变换（在这里，是缩短和旋转）来表示。通过连续变换就可将箭头相乘。同普通乘法的情况一样，先后顺序并不重要：箭头V乘以箭头W或箭头W乘以箭头V得到的答案都是箭头X。

　　将箭头相乘的作法是一样的（见图39）。我们对单位箭头施行连续变换——只是每次变换涉及两个动作：缩短和旋转。为了让箭头V乘以W，我们先将单位箭头按V的规定量缩短并旋转，然后按W的规定量缩短并旋转——再说一次，顺序无所谓。这样看来，箭头相乘时所遵从的连续变换规则同普通数字相乘时的一样。[4]

　　现在让我们把相继步骤这个概念记在脑子里，返回头去看看第一讲中的第一个实验——单表面的部分反射（见图40）。我们可将反射的路径分为三步：

　　1. 光从光源向下到玻璃；

　　2. 被玻璃反射；

　　3. 从玻璃向上到探测器。每一步都可以看作是单位箭头的一定量的缩短和旋转。

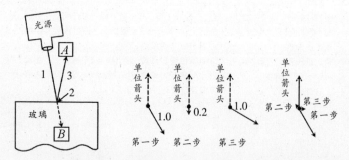

图40　单表面的反射可分成三步，每一步都是一个单位长度的缩短和（或）旋转。纯结果——长度为0.2的指向某个方向的箭头——是一样的，但我们现在的分析方法却细致多了。

　　你们会记得，在第一讲里我们并没有考虑光从玻璃反射的所有可能的途径——要考虑所有途径，我们就得画出许许多多的小箭头，并将它们相加。为避免所有这些细节，我给了你们这样一个印象，即光是向下到达玻璃上的某一特定点 —— 光并不散开。但当光从一点走到另一点时，它事实上是散开了（除非它为透镜所哄骗），这个过程伴随着单位箭头的某种缩短。不过，暂时我还愿意坚持光并不散开这个简化的观点，这样就可以不考虑这种缩短。同时，由于光不散开，我们也可以假设每个离开光源的光子都会终止于 A 或 B。

这样，在第一步里，没有缩短，但有旋转 —— 它对应着想象中的秒表在对一个光子从光源到达玻璃前表面计时时指针所旋转的角度。在这个例子里，这第一步的箭头长度为1，指向某个角度 —— 例如说，5点钟的角度。

第二步是光子为玻璃所反射。这里有个相当可观的缩短 —— 从1到0.2 —— 和半圈的旋转。（这些数字在现在看来是荒唐可笑的：它们取决于是为玻璃还是为其他物质所反射。在第三讲中我还要讲这个问题！）这样，第二步就由长度为0.2、方向为6点钟的指向（半圈）所代表。

最后一步是光子从玻璃返上来到达探测器。这里，和第一步一样，没有缩短，但有旋转 —— 比如说，这次光子走的距离比第一步略短点，箭头指向4点钟。

我们现将箭头1、2、3连续相乘（角度相加、长度相乘）。这三步 —— ①旋转；②缩短并旋转半圈；③旋转 —— 的净效果和第一讲中的一样：第一步和第三步的旋转量（5点钟加4点钟）同我们让记秒表记录光跑完全程得到的旋转量（9点钟）是一样的；第二步另转的半圈则使箭头的指向与秒表针的方向恰好相反，这与第一讲中讲的情况完全一样。在第二步中箭头缩至0.2，使我们得到长度为0.2的箭头，它的平方就代表了单表面情况下观测到的部分反射率4％。

在这个实验中，有一个问题，我们在第一讲中没有讨论，这就是跑到B处的光子——被玻璃透射的那些光子——怎么样呢？光子到达B处的振幅，其长度必须是0.98左右，因为0.98×0.98＝0.9604，它相当接近于96％。这个振幅也可以分为若干步骤来分析（见图41）。

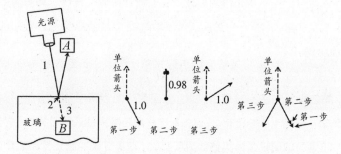

图41 单表面的透射也可分为三步，伴随每一步的都是一个缩短和（或）一个旋转。一个长度为0.98的箭头，其平方约为0.96，这表示透射概率为96％（将它同4％的反射概率加起来，共是100％的光）。

这第一步和到A的路径的第一步一样——光子从光源向下到玻璃上——单位箭头转到5点钟。

第二步是光子穿过玻璃表面——透射时，箭头无须旋转，只是缩短一点——缩至0.98。

第三步——光子穿过玻璃的内部——这涉及一个附加的旋转而无缩短。

　　最后的净结果是，长度为 0.98 的箭头旋转到某个方向，它的平方代表一个光子到达 B 的概率——96％。

　　现在让我们再来看看两表面的部分反射。前表面的反射与单表面的反射相同，所以前表面反射的三步就同我们刚才看到的一样（见图 40）。

　　后表面的反射可以分解为七步（见图 42）。它包括旋转和缩短。旋转是记秒表在对光子全程（第一、三、五、七步）记时的时候，记秒表针旋转的总量，缩短是先缩至 0.2（第四步），还有两次都是缩到 0.98（第 2、6 步）。结果箭头的方向与原来的一样，但长度大约为 0.192（0.98 × 0.2 × 0.98），它与第一讲中我说的 0.2 很接近。

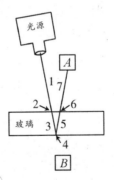

图 42　从玻璃后表面的反射可以分为七步：第一、三、五和七步仅有旋转；第二、六步都缩至 0.98，第四步则缩至 0.2。结果是一个长度为 0.192（它与第一讲中的 0.2 很接近）的箭头——旋转的角度相当于想象中的记秒表指针旋转的总量。

　　综上所述，玻璃对光的反射和透射的规则是：1）光通过空气至玻璃前表面再返回空气的反射包括一次缩短至 0.2 和旋转半圈；2）光从玻璃后表面反射再返回玻璃，这也包括一次缩短至 0.2，但没有旋转；

3）从空气到玻璃或从玻璃到空气的透射都包括一次缩短至0.98，在这两种情况下都没有旋转。

好事讲得太多了恐怕也不太好。不过我还是禁不住要给你们再举一个绝妙的例子，说明事情是如何进行的，以及如何使用这些相继步骤的规则对它们进行分析。让我们把探测器移到玻璃下方某处，考虑第一讲我们没有谈到的问题——玻璃的两表面透射的概率（见图43）。

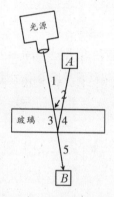

图43 两表面的透射可分为五步：第二步将一个单位长度缩短至0.98，第四步将这0.98又缩至其0.98，两次缩短后长度约0.96；第一、三、五步仅涉及旋转。结果，最终箭头的长度是0.96，它的平方是约0.92，代表两表面透射的概率为92%（它对应于我们所期望的反射值8%，就是"一天正确两次"的那个值）。若玻璃的层厚恰好使反射的概率达16%，那么加上透射概率的92%，计算出来的光岂不成了108%！这个分析一定在什么地方出了毛病。

当然，答案你们是知道的：光子到达B的概率就是从100%减去我们前面已经计算过的到达A的概率。这样，如果得出到达A的机会是7%，那么到达B的机会一定是93%，如果到达A的机会从0经过8%到16%（由于玻璃厚度不同，概率也不同）之间变化，到达B的概率就从100%经过92%到84%。

　　这个答案是正确的，但我们期望的是将所有的概率用最终箭头平方的办法计算出来。如何计算出光从一片玻璃透射出来的振幅箭头呢？又如何将这个箭头的长度改变、安排得适当，以在所有情况下都同到达A的长度相匹配，使得到达A的概率与到达B的概率相加永远精确地等于100％呢？让我们稍微仔细地看一看。

　　一个光子从光源到玻璃下方B处的探测器，可分五步走。让我们按这五步一边走，一边缩短和旋转一个单位箭头。

　　前三步与上边的例子相同：光子从光源到玻璃（旋转，无缩短）；光子经前表面透射（无旋转，缩短至0.98）；光子穿过玻璃（旋转，无缩短）。

　　第四步——光子穿过玻璃的后表面——在缩短和旋转上与第二步相同：无旋转，但缩短至0.98的0.98，所以现在箭头的长度应为0.96。

　　最后，光子再次穿过空气，下落到探测器上——这意味着旋转得更多些，但不再缩短。结果是箭头的长度为0.96，指向则由秒表针的连续转动来确定。

　　一个长度为0.96的箭头，代表概率约为92％（0.96的平方），这意味着离开光源的100个光子中平均有92个到达B处。这也意味着8％的光子经两表面反射后到达A处。但我们在第一讲中说过，所谓两表面的反射为8％仅仅在某些时候才是对的（"一天正确两次"）——实际上随着玻璃厚度的不断增加，两表面的反射概率以零至16％的循环而起伏变动。那么，当玻璃的厚度正好使得部分反射为16％的时候怎么样呢?因为每100个离开光源的光子中,有16个到达A,92个到达B,这岂不意味着我们计算出来的是108%的光了吗?—— 真是怪透了!一定是哪里出毛病了。

原来,毛病出在我们忽略了光可以通过所有路径到达B这一点上!例如,光可以从后表面弹回,通过玻璃,好像它准备奔到A去似的,但它又被前表面反射回来,返落向B(见图44)。这个路径共九步。让我们逐一看一看,在光通过这九步中的每一步时,单位箭头发生了怎样的变化。(别担心,无非就是缩短和旋转!)

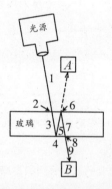

图44 为使计算更加精确,必须计及光可能为两表面透射的另一条路径。它包括:两次缩短到0.98(第二、八步),两次缩短到0.2(第四、六步),结果箭头的长度为0.0384(接近于0.04)。

第一步:光子通过空气 —— 旋转,无缩短;第二步:光子进入玻璃 —— 无旋转,但缩短至0.98;第三步:光子通过玻璃 —— 旋转,无缩短;第四步:由后表面反射回来 —— 无旋转,但缩短至0.98的0.2,即0.196;第五步:光子返上去通过玻璃 —— 旋转,无缩短;第六步:光子被前表面(它实际上应叫"后"表面,因为这个光子现处于玻璃之中)反回 —— 无旋转,但缩短至0.196的0.2,即0.0392;第七步:光子向下返回来通过玻璃 —— 旋转得更多，无缩短；第八步：光子穿过后表面 —— 无旋转，但缩短至0.0392的0.98，即0.0384；最后，第九步：光子通过空气到达探测器 —— 旋转，无缩短。

　　经过所有这些缩短和旋转，所得结果是长度为0.0384（在实际应用的各种场合，我们都可以说它就是0.04）的振幅，它的角度就是一个光子通过这个较长的全程时，为它记时的秒表所旋转的角度。这个箭头可以代表光从光源到达B的第二种可能的方式。现在我们有了两种不同的方式，必须把这两个箭头加起来 —— 对应于较直接路径的箭头，长度是0.96，对应于较长路径的箭头，长度是0.04 —— 这就是最终箭头。

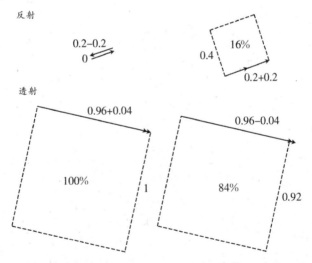

图45 大自然总是保证使所计及的光为100％。如果厚度刚巧使透射箭头彼此相长，那么反射箭头就会彼此相消；如果反射箭头彼此相长，透射的箭头就彼此相消。

这两个箭头的方向通常是不同的，因为当玻璃厚度改变时，0.04箭头对0.96箭头的相对方向就改变了。但是，请看一看事情竟有多妙：秒表在对光子的第三、五两步（当它奔向 A 时）记时时的多余旋转，竟恰恰等于在对第五、七两步（当它奔向 B 时）记时时的多余旋转。这意味着当这两个反射的箭头相互抵销而最终箭头表示零反射时，透射的箭头就相互加强，使箭头的长度为 0.96＋0.04，即1，就是说，如果反射的概率为零，透射的概率就是100％（见图45）。当反射的箭头相互加强，使振幅为0.4时，透射的箭头会相互抵销，造成 0.96－0.04（即0.92）的振幅长度，就是说当反射的计算值为16％时，透射的计算值将为84％（0.92的平方）。你们看看，大自然在制订她的规则时是多么聪明啊，她使我们在计算光子数时，永远能把她们计算为100％。[5]

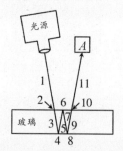

图46 对于更精确的计算，光反射的其他路径也应该计及。在这个图中，第二、十两步是缩短至0.98，第四、六、八三步是缩短至0.2，结果是长度约为0.008的箭头，它是反射的另一路径，因此应同代表反射的其他箭头（从前表面反射的0.2，后表面的0.192）加在一起。

最后，在这一讲结束之前，我想再给你们讲讲箭头相乘的规则有个引申：箭头相乘不仅是针对一个事件包含几个相继步骤的情况，而且还针对一个事件由几个相伴发生（即相互独立且可能同时发生）事件组成的情况。例如，假定我们有两个光源 X 和 Y，两个探测器 A 和 B

（见图 47），我们想计算这样一个事件的概率，即在 X 和 Y 各失去一个光子之后，A 和 B 各得一个光子的概率。

在这个例子中，光子通过空间到达探测器 —— 既不反射也不透射，这是个好机会，使我可以讨论过去一直未予注意的现象：光在前进中分散开来。现在我要告诉你们计算单色光通过空间从一点到另一点的完整规则 —— 不是近似，也不是简化。我们所知道的关于单色光在空间通过的全部内容（不考虑偏振或极化）就是：箭头的角度取决于想象中的秒表指针，光子每前进一英寸，它就转动一定的圈数（转多少圈取决于光子的颜色）；箭头的长度则同光通过的距离成反比 —— 换句话说，光越向前，箭头就越短。[6]

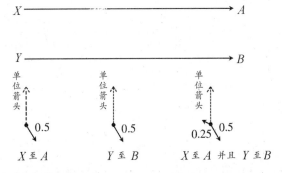

图47 如果某特定事件可能发生的方式之一取决于几个相互独立发生的事件，那么计算此方式的振幅就是将这几个独立事件的箭头相乘。在这个情况下，最终事件是在 X 和 Y 都失去一个光子之后，光电倍增管 A 和 B 各响了一声。这个事件发生的一种可能的方式是，一个光子从 X 到 A，另一个光子是从 Y 到 B（两个独立事件）。为了计算这 "第一种方式" 的概率，每个独立事件（X 到 A 和 Y 到 B）的箭头要相乘，以得到这个特定方式的振幅（图48将继续分析）。

让我们假设，从 X 到 A 这条路径的箭头长度为 0.5，指向是 5 点钟，从 Y 到 B 的箭头也是一样（见图 47）。将一个箭头乘以另一个箭头，得

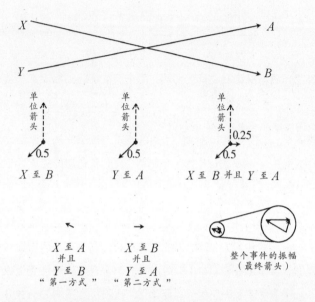

图48　图47所描绘的事件还可能以另一种方式发生，（一个光子从X到B，一个光子从Y到A），它也取决于两个独立发生的事件。这样，这"第二种方式"的振幅也是用这两个独立事件的箭头相乘的方法计算。最后，将"第一种方式"和"第二种方式"加在一起，得到事件的最终箭头。一个事件的可能性总是用单一的最终箭头来表示——无论在计算过程中画出多少个箭头，并把它们相乘、相加。

到最终箭头的长度为0.25，指向是10点钟。

　　但是，且慢！这个事件还可能以另一种方式发生：从X出来的光子可能到B，从Y出来的光子到A。这两个"子事件"都有各自的振幅，它们的箭头也必须画下来并相乘，这样就得出了此事件能以这种特殊方式发生的振幅（见图48）。因为同箭头旋转的量相比，箭头随距离增加而缩短的量要小得多。这样，X到B及Y到A的距离与X到A及Y到B的距离基本上一样，均为0.5，但它们旋转的量却大为不同：试想对红光来说，每前进一英寸秒表指针旋转36000圈，这样，距离上极小的变化都会导致计时上的重大差异。

　　将这个事件发生的所有可能方式的振幅都加起来就得到最终箭头。这些振幅的长度大致相同，所以当它们方向相反时，就会相互抵销掉。如果改变光源与探测器之间的距离，两个箭头之间的相对方向就会改变，就是说只要将探测器移向或远离光源一点点，就可能使事件的概率大为增加或完全抵销掉，就像两表面部分反射的情况一样。[7]

　　在这个例子里，将箭头相乘，再相加，就得出了最终箭头（这个事件的振幅），它的平方就是这个事件的概率。这里要特别强调的是，无论要画出多少个箭头，并把它们相加或相乘，我们的目的是计算此事件的单一最终箭头。学物理的学生最初常犯的错误就是因为没有把这个重要的观点牢记在心。学生们对涉及一单个光子的事件要做很长的分析，大概是过程太长把他们弄糊涂了，他们往往不知怎么的开始把箭头与光子联系在一起。而这些箭头是概率振幅，平方后就得出完整事件的概率。[8]

　　下一讲我将开始把物质的性质作简化并给出解释 —— 解释缩短至0.2倍是从哪里来的，为什么光通过玻璃或水比通过空气要慢些，等等 —— 因为到目前，我一直在"行骗"：光子并不是真的从玻璃表面反弹回去；它们是在和玻璃内部的电子相互作用。我将要给你们讲，光子所做的无非就是从一个电子走向另一个电子，还要讲反射和透射实际上就是电子接受了一个光子，"揪下它的头"，（姑且这么说吧！）并放出一个新光子的结果。对迄今为止我们讨论的所有问题而言，这个简化是很漂亮的。

注释

　　1.镜子上那些其箭头指向偏左的区域也会造成强反射（如果把箭头指向其他方向的区域都刮掉的话）。只是在偏左和偏右两区域一起反射时，它们才相互抵销掉了。这同两表面的部分反射相类似：虽然每个表面各自反射各自的，但如果玻璃的厚度恰好使这两个表面分别贡献出来的箭头方向相反，反射就被抵销掉了。

　　2.我禁不住要给你们谈谈大自然造就的一个光栅：食盐晶体，它是钠原子和氯原子按规则码垛起来的。这种交替式图形就像我们制造的带有刻痕的镜子，只要颜色适当的光（在这种情况下是X射线）照射到上面，就可以起到光栅的作用。一旦找到探测器能接收到大量这种特殊反射（称为衍射）的位置，人们就能很精确地确定条纹之间相隔多远，因而得知原子之间相距多大（见图28）。这是一种确定所有各类晶体的结构以及证实X射线和光是同类东西的漂亮办法。首次进行这类实验是在1914年（应为1912年——译注），那时人们怀着兴奋激动的心情第一次细致地看到了不同物质的原子是怎样码垛在一起的。

　　3.这是"不确定性原理"的一个例子：关于光在两屏板间走哪条路和此后走哪条路这两个知识之间有一种"互补"关系——想两者全都精确地知道是不可能的！我愿意把不确定性原理放在它的历史地位上来考察：在量子物理的革命性思想刚刚提出来时，人们还力求借老式的概念（如光走直线）去理解它们。但是，到一定的时候，老式概念开始不灵了，于是出现了这样的警告：事实上，"当……时，你那个老式概念就一文不值了"。如果你放弃所有老式概念，换用我在这个系列讲座中给你们讲解的思想——将一个事件发生的所有可能方式的箭头都加起来——"不确定性原理"就不再需要了。

4.数学家一直在尽力找出所有服从代数规则（$A+B=B+A$，$A \times B=B \times A$，等等）的东西。这些规则当初是为正整数（人们用来数苹果呀、人呀这类东西）制定的。后来，人们发明了零、分数、无理数（不能用两个整数之比表示的数），以及负数，使数的概念有了很大发展，但这些数仍然服从代数的原始规则。数学家发明的有些数最初让人难以接受——比如半个人这样的概念就是难以想象的——但是今天就完全没有困难了，在听到某地区每平方英里平均有3.2人时，再没有人会产生道德上的不安，或血淋淋的难过感觉。人们并不力求想象0.2个人是什么样，而是懂得3.2意味着：如果把3.2乘上10，就得到32。这样，那些满足代数规则的东西可能使数学家感兴趣，即使它们并不永远代表真实情况。一个平面上的诸箭头可用首尾相连的办法"相加"，或以连续旋转和缩短的方式"相乘"。由于这些箭头与普通的数服从同样的代数规则，数学家把它们也叫作数。但为了把它们与普通的数区分开来，就叫它们为"复数"。对你们当中学过复数的人，我本来也许会用这样的说法："一个事件的概率就是一个复数的绝对平方。若一个事件能以各种可择的方式发生，你就将这些复数加到一起；如果它只能以若干相继的步骤发生，你就将这些复数乘起来。"这种说法可能听起来给人印象深一些，但这并不比我以前所讲的多点什么内容——我只不过是用了不同的语言。

5.你也许会注意到，为了使计得的光子为100%，我们将0.0384改为0.04，并用84%作为0.92的平方。但是当把所有的箭头都加到一起时，0.0384和84%就无须四舍五入。所有那些零七八碎的箭头（代表光的所有可能走的路径）都将相互补偿，保持答案正确。你们中如果有谁对这类事情有兴趣，这里有个例子，是光从光源到达探测器 A 可走的另一条路——一组三反射（和两个透射），结果，最终箭头是

0.98×0.2×0.2×0.2×0.98，即约为0.008，这是个很小的箭头（见图46）。要对两表面的部分反射做完整的计算，你就得把所有这些箭头都加起来，还要加上甚至更小的、代表五反射的箭头，等等。

6.在学校里你们学过，光量的改变同光传播距离的平方成反比，它可以用来验证我们这里所讲的规则，因为箭头缩至原来大小的一半，它的平方就变为原来的1/4。

7.这个现象叫作"汉伯瑞-布朗-特威斯效应"（*Hanbury-Brown-Twiss effect*），利用它可以区分宇宙深处的无线电波单源和双源，即使两个源彼此靠得极近也没有问题。

8.记住这个原理会帮助学生避免被"波包退化"之类的东西弄糊涂了。

第 3 章

电子和它们的相互作用

这是关于一个相当困难的课题——量子电动力学理论——的四讲中的第三讲。今晚在座的人数显然比以前多，所以你们中间没有听过前两讲的人会发现这一讲几乎不可思议。那些已经听过前两讲的人也会发现这一讲不可思议。但你们知道，这没关系：正像我在第一讲中解释的那样，我们不得不用以描述自然界的方式，一般来说，对我们就是不可思议的。

在这几讲中我想给你们讲一讲物理学中我们了解得最好的部分，即光和电子的相互作用。你们熟悉的大部分现象——如全部化学和生物学的现象——都涉及光和电子的相互作用。量子电动力学这个理论能将所有现象（除引力现象和核现象外）囊括其中。

在第一讲中我们就已知道，即使对一个最简单的现象，例如光在玻璃上的部分反射，我们也没有一个令人满意的机制去描述它。我们也无法预测某一给定光子是穿过玻璃，还是为这块玻璃所反射。我们唯一能做的就是计算某一特定事件将要发生的概率——对于我们刚说的情况，就是预测光是否将被反射。（当光向下直射到玻璃的单表面时，被反射的概率是4%；当光更倾斜地打到玻璃上时，反射的概率就增加。）

我们在处理一般情况下的概率问题时，有如下"合成规则"：1.若某事件可以各种待选的方式发生，我们把所有的不同方式的概率都加起来；2.如果这事件是作为一系列相继步骤出现——或者它的出现依赖于同时但独立发生的几个事件——我们就将所有步骤（或事件）的概率乘起来。

在量子物理这个奇异而美妙的世界里，计算概率的方法是将箭头的长度平方：我们遇到的情况假如在一般情况下是需要将概率相加，我们就把箭头加起来；如果在一般情况下是需将概率相乘，我们就把箭头乘起来。用这种方法计算概率所得的特定答案与实验结果完美地符合。为了理解大自然，我们必须求助这类古怪的规则和奇特的推理，对这点我感到非常高兴，而且很愿意向人讲解。对大自然做这种分析的背后没有"轮子和齿轮"；如果你想理解大自然，你只能采取这个方法。

在开始这一讲的主要内容之前，我想再给你们举个例子说明光的行为是怎样的。我想讲的是一种非常弱的单色光——一次只有一个光子——从光源S出来，到达探测器D（见图49）。在光源和探测器之间放一个屏板，屏板上A、B两处开两个很小的孔，两孔的间距为几毫米。（如果光源与探测器之间距离为100厘米，孔就必须小于1/10毫米。）令A在S和D的连线上，B在A旁边的某处，不在S和D的连线上。

在关上B孔时，D处会作响数次，这表示有光子通过了A（例如平均起来，在离开S的每100个光子中，探测器作响一次，即1%）。如果关上A孔，打开B孔，从第二讲知道，平均说来，我们会得到差不多相同数量的作响声，因为两个孔都非常小。（如果我们把光"挤压"得太厉害，通常情况下的规则——如光走直线——将归于无效。）如果两个孔都打开，我们得到的是一个复杂的答案，因为干涉出现了：如果两个孔以某个距离分开，得到的作响声要多于所期望的2%（极大值约为4%）；如果两孔距离稍变一变，会完全得不到作响声。

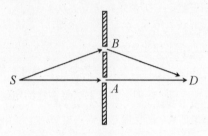

图49　光源S与探测器D之间屏板上的两个小孔（在A和B处），无论哪一个开着，光通过的量都是一样（在这种情况下是1%）。如果两个孔都开着，就会发生"干涉"：探测器发出声响的时间会从0至4%不等，这取决于A、B相距的远近——见图51(a)。

人们一般会认为，打开第二个孔永远会使到达探测器的光量增加，但实际上不是这么回事，所以光"或走这条路，或走那条路"的说法是错误的。我偶尔也说"那么，这光或走这条路，或走那条路"这种话，但是当我这么说的时候，我须记住我的意思是说把振幅加起来；这光子以某一振幅走一条路，并以另一振幅走另一条路。如果振幅彼此相反，光就不可能到达探测器 —— 即使两个孔都是打开的。

对大自然的这个奇异现象有种极大的误解，我现在就想给你们谈谈这个问题。假定我们安放两个特殊的探测器 —— 一个放在A，一个放在B（要设计一种能告知我们是否有光子通过的探测器是可能的）—— 这样在两个孔都打开时我们就可以知道光子是通过哪个孔了（见图50）。由于一单个光子从S到达D的概率仅受两孔之间距离的影响，所以一定是有某种诡秘的方法将这个光子一分为二，然后又回到一处，合二而一，对吗？根据这个假说，A、B两处的探测器应该总是一起作响，（强度可能是各一半吧？）而D处的探测器作响的概率应是从0到4%，具体数值取决于A、B之间的距离。

但实际的情况是：A、B两处的探测器从来不同时作响 —— 永远是
或A作响，或B作响，一个光子并不一分为二；它或走这条路，或走那
条路。而且，在这种情况下，D处的探测器有2%的时间作响 —— 这是
A、B两处概率的简单相加（1%＋1%），这2%不受A与B之间距离的影
响；在A、B两处安放探测器时，干涉消失了。

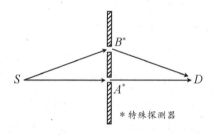

图50　如果在A、B两处各放一个特殊的探测器，用以告知若两个孔都
开着，光走的是哪条路，这个实验已经变了，因为（在你检测这两个孔
时）一个光子永远是只穿过这个孔，或只穿过那个孔。这样就有两种相
互可区别开来的最终情况：1.A和D处的探测器作响；2.B和D处的探测器
作响，每种情况发生的概率大约为1%，两种情况发生的概率以普通方式
加起来，这就是D处的探测器以2%的概率作响的原因——见图51(b)。

这个现象是大自然已经编制好了的，所以，我们将永远也琢磨不
透她是怎么弄的：如果为了发现光走哪条路而把仪器安置进去，倒是
能知道光走哪条路，但是，好，这一下美妙的干涉效应消失了。如果我
们把能告诉我们光走哪条路的仪器撤掉，干涉现象又回来了！—— 确实
非常奇妙！

为了理解这个怪事，让我提醒你注意下面这个很重要的原则：为
了正确地计算一个事件的概率，人们必须小心地把一个完整事件定义
清楚 —— 特别是实验的初始状态和最终状态到底是什么。你要看看实
验前后的仪器，找找发生了哪些变化。在我们计算一个光子从S到D的

概率，而 A、B 两处又无探测器时，这个事件就只不过是 D 处一声作响。当 D 处的一声作响是状态的唯一变化时，我们无法说出光子走的是哪条路，所以存在着干涉。

如果在 A、B 两处放置探测器，我们就把问题改变了。原来，这里有两个完整事件 —— 两组最终状态 —— 它们是可以区分开的：

1. A、D 两处的探测器作响；

2. B、D 两处的探测器作响。当实验中存在着几个可能的最终状态时，我们必须把每一个最终状态都作为独立的完整事件来计算概率。

为了计算 A、D 两处探测器作响这个状态下的振幅，我们将表示下列几个步骤的箭头乘起来：一个光子从 S 到 A，这个光子再从 A 到 D，使 D 处的探测器作响。最终箭头的平方就是这个事件的概率 —— 1%，这个值与 B 处的孔关闭时的值相同，因为这两种情况的步骤完全相同。另一个完整的事件是 B 和 D 处的探测器作响，这个事件的概率用相同的方式计算，结果也与上面一样 —— 约为1%。

如果我们想知道的是 D 处的探测器作响有多么频繁，而不管在这过程中是 A 处还是 B 处的探测器作响过，那么这个概率就是这两个事件概率的简单相加 —— 2%。原则上说，如果在这个系统中放入了什么使我们能够用来观测，以得知光子是从哪条路过来的，我们就会有不同的"终态"（即可以区分的最终状态），我们将把每个终态的概率（不是振幅）加起来。[1]

我在前面已经指出了自然界是多么难以捉摸，你对自然界行为之奇特了解得越多，就越难制造一个模型来解释哪怕是最简单的现象实际上是如何发生的。所以，理论物理学就放弃做这种努力。

在第一讲里我们已经看到一个事件怎样能分成不同的方式，而每一种方式的箭头怎么能"加"起来。在第二讲中我们看到了每一种方式又如何能分解为若干相继步骤，每一步的箭头如何看作是单位箭头变换的结果，而这些箭头如何由连续的缩短和旋转而"乘"起来。这样对于画出并合成箭头（这些箭头代表了诸小事件），以得出最终箭头（它的平方就是所观测的物理事件的概率）的全部有关规则我们就都熟悉了。

人们不免要担心，我们这种把事件分割为越来越简单的子事件的作法到底能进行到哪步为止？可能的最小事件是什么？可用来构成涉及光与电子的所有现象的小事件其数量是否有限？在量子电动力学的语言中，有没有数量有限的"字母"（letters）可用来组成"字词"（words）和"短语"（phrases），以描述几乎所有的自然现象？

答案是：有；字母数是三。我们仅需三种基本作用就能得出所有与光和电子有关的现象。

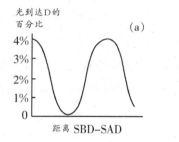
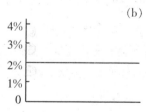

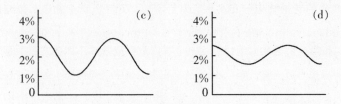

图51 如果A、B处没有探测器，那就有干涉——光量是从0至4%(a)。如果A、B两处有百分之百可靠的探测器，那就没有干涉——到达D处的光量为恒定的2%(b)。如果A、B两处的探测器不是100%可靠（就是说，有时A、B两处明明应该探测到光子，但它们却毫无动静），那就有三个最终状态：A和D作响；B和D作响；D单独作响。这样，最终曲线就是三种可能的最终状态所做贡献的混合。A、B两处的探测器可靠性越差，干涉就越多。将(c)与(d)相比，情况(c)的探测器的可靠性要比(d)差。与干涉有关的原理是：对于几种可能的不同最终状态，须先独立求每一种最终状态的概率（将其有关箭头相加，并将最终箭头的长度平方）；然后再把几个概率按一般方式加到一起。

  在告诉你们这三种基本作用是什么之前，我应当在这里适当地介绍一下作用者，作用者是光子和电子。光子——光的粒子——在前两个讲座中已讲得不少了。电子是1895年作为粒子发现的，* 你可以对电子计数；你也可以把一个电子放在油滴上测量它的电荷。后来逐渐清楚了，用这种粒子的运动可以说明电线中的电流。

  发现电子后不久，原子被想象为一个小小的太阳系，它由重的部分（称为核）和这些沿"轨道"运转的电子组成，这些电子很像绕太阳旋转的行星。如果你认为原子就是这样，那你就返回到了1910年。+1924年德·布罗意（Louis De Broglie）发现有一种类

---

* 电子是1897年由J.J.汤姆逊（J.J.Thomson）发现的。——译注

+ 应该说是1913年，这一年N.玻尔（Niels Bohr）提出了原子中电子绕核旋转的模型——译注。

似波动的特性与电子相关联，稍后不久，贝尔实验室的C.J.戴维逊（C.J.Davisson）和L.H.革末（L.H.Germer）用电子轰击了镍晶体。结果电子反弹回来的角度妙极了（就和X射线返回的角度一样），这些角度完全可以用德·布罗意关于电子波长的公式计算出来。

　　当我们从大尺度上——和秒表转一周相应的距离比起来要大得多——看光子时，我们看到的现象与诸如"光走直线"这类规则很接近，这是因为在最短时间路径的周围有相当大量的路径在相互加强，而相当大量的其他路径则相互抵销掉了。但是，在光子运动的空间变得太小时（比如在屏上的很小的孔洞），这些规则就不起作用了——我们发现光并不走直线，两孔之间会形成干涉等等。同样的情况也存在于电子。从大尺度看，电子像粒子一样沿一些明确的路径运动。但从小尺度看，例如在原子内部，空间已经小到没有主要路径可言，没有"轨道"了；所有的路径电子都可能走，每条路径都有个振幅。干涉现象变得很重要，我们只有把所有的箭头都加起来才能预言电子可能在什么地方。

　　有趣的是我们注意到电子首先被人看作是粒子，它的波动特性是后来发现的。光的情况相反，除了牛顿犯了个错误而认为光是"微粒"以外，光是首先被看作像波动一样，它具有像粒子一样的特性是后来才发现的。事实上，这两种物体的行为是多少有点像波动，又多少有点像粒子。为了省点事，别创造诸如"波动子"这类新词，我们就把这些物体称作"粒子"，但我们大家都知道，它们都服从我上面解释过的画出并合成箭头的那些规则。显然自然界中所有粒子——夸克、胶子、中微子等（下一讲中我们将讨论它们）——都是按量子力学的方式行事的。

好，现在我告诉你们那三种基本作用 —— 光和电子的所有现象都是由它们引起的 —— 是什么。

—— 作用1：一个光子从一处至另一处。

—— 作用2：一个电子从一处至另一处。

—— 作用3：一个电子发射或吸收一个光子。

这些作用中每一个都有个振幅 —— 即一个箭头，根据一定的规则，可以把它计算出来。等一下我将告诉你们这些规则（或定律）是什么。有了这些规则，我们可以把整个世界给造出来。（原子核和万有引力永远除外！）

好，现在我们要讲的是，这些作用发生的舞台并不仅仅是空间，而是空间和时间。迄今，我们没有考虑和时间有关的问题，例如，准确地说来，光子究竟是何时离开光源，又是何时到达探测器。空间实际上是三维的，但我准备在图表中把它简化为一维，这样，我准备在作图时把一个特定物体在空间的位置用水平轴表示，时间则用竖直轴表示。

我准备在空间和时间 [或者说时空(space-time)，我可能会不经意地这么称它] 里作的第一个图就是"棒球停定"（见图52）。在星期四上午（我标为 T_0），棒球位于空间某处（我标为 X_0）。片刻之后，在 T_1，它还占据相同的空间，因为棒球还在那里停定未动。稍后，在 T_2 时，棒球仍在 X_0 点，这样，停定不动的棒球的图就是一条竖直的带，笔直向上，棒球永远处于带中。

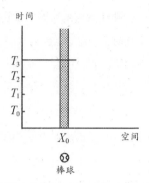

图52　宇宙中所有的活动都发生在空间-时间这个舞台上。通常考虑的时空是四维（三维用于空间，一维用于时间），这里的时空将用二维来表示（水平方向上的一维用于空间，竖直方向上的一维用于时间）。我们每一次看棒球时（如在时间T_3），它都处于同一地点。这样就产生了一个"棒球带"，当时间前移时，这条带笔直向上延伸。

　　如果我们让棒球飘在失重的外层空间，垂直地向一堵墙飘去，那又会怎样呢？比如，星期四的上午（T_0），它从X_0开始（见图53），过一会儿，它就不在同一位置了，它飘移了一点，到了X_1。棒球在继续飘移时，它就在时空图上造出一个倾斜的"棒球带"，棒球撞墙（墙总是立在那里，所以图形是条竖直的带）后，从另一条路返回，这条路和它从空间X_0点来的路完全一样，只不过在不同的时间点（T_6）到达X_0。

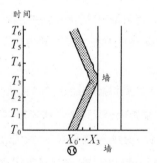

图53　一个棒球沿与一堵墙成直角的路向这堵墙飘去，然后反弹回来到达初始位置（在图的下面示出），这棒球在一维空间运动，并呈现出一个倾斜的"棒球带"。在时间T_1和T_2，棒球向墙接近；在T_3，它撞到墙上，并开始返回。

至于时间的尺度，不用秒，而用比秒小得多的单位则非常方便。因为我们的对象是光子和电子，它们运动得极快。我准备用45°代表以光速运动的物体。例如，一个粒子以光速从 X_1T_1 运动到 X_2T_2，X_1、X_2 之间的水平距离与 T_1、T_2 之间的竖直距离相等（见图54）。为了使45°代表一个以光速运动的粒子，我们让时间以一个我们称之为 c 的量作为因子向前延伸，你们会看到 c 这个字符在爱因斯坦的公式里到处飞舞，这是由于这些公式不幸选用了秒作为时间单位，而没有用光飞过一米所需的时间作时间单位。

现在，让我们仔细看一看第一种基本作用——光子从一处运动到另一处。我将用 A 与 B 之间的波纹线（没有什么特别的理由）画出这个作用。这里，我得多加小心，我应该说，已知在某时刻位于某地点的光子，以某一定的振幅于某时刻到达另一地点。在我的时空图（见图55）上，点 A（即在 X_1 和 T_1）的光子有一定的振幅在点 B（即 X_2 和 T_2）处出现。我会把这个振幅的大小叫作 P（A 至 B）。

关于这个箭头即 P（A 至 B）的大小，有一个公式。这个公式是大自然几个伟大定律之一，而且很简单。P 值取决于两点间的距离之差和时间之差。这两个差值可以用数学的方法[2]表示为（X_2-X_1）和（T_2-T_1）。

对 P（A 至 B）做出主要贡献的是光的寻常速度（这时 X_2-X_1 等于 T_2-T_1），人们期望的是光永远以寻常速度前进，但是光以比寻常光速快（或慢）些的速度前进的振幅也是存在的。在上一讲中，你们已经知道光并不是仅沿直线前进，现在，你们又知道了，光也不是仅以光速前进。

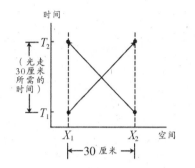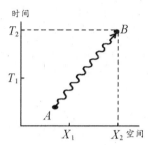

图 54（左）　我在这些图中使用的时间尺度将使以光速运动的粒子是以 45 度角在时空图上运动。光走 30 厘米（从 X_1 至 X_2 或 X_2 至 X_1），所用的时间大约是十亿分之一秒。

图 55（右）　一个光子（以波纹线表示）以一个振幅从时空图中一点（A）至另一点（B），这个振幅我将称之为 P（A 至 B），它的计算公式仅决于地点之差（$X_2 - X_1$）和时间之差（$T_2 - T_1$），事实上，它是这二者方差［即"间隔" I，可以写为 $(X_2 - X)^2 - (T_2 - T_1)^2$］的倒数这样一个简单函数。

　　光以快于或慢于寻常速度 c 的速度前进这种情况的振幅不等于零，这可能会使你感到奇怪。同寻常速度 c 的贡献相比，这些可能性的振幅是很小的。事实上，光在长距离运行中，它们都抵销掉了。但是，当距离很短时（我们下面将要画的许多图就属于这种情况）这些其他的可能性就变得相当重要，而必须予以考虑。

　　这就是第一种基本作用，物理学的第一个基本定律——一个光子从一点至另一点。它可以解释全部光学问题，它就是关于光的全部理论！不过，这么说也不全对，我保留了极化或偏振没谈，还有就是光和物质的相互作用没谈，后面这个问题将把我们引到第二个定律。

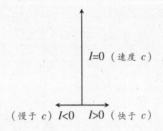

图56 光以速度c运行时，"间隔"I等于零，对12点钟的方向贡献很大。当I大于零时，对3点钟的方向有个小贡献，其大小与I成反比；I小于零时，对九点钟的方向有同样大小的贡献。这样光就有快于或慢于寻常光速的振幅，但这些振幅在长距离上便被抵销了。

　　奠定量子电动力学基础的第二种基本作用是：一个电子在时空图中从A点到B点。[暂时把这个电子想象为一个简化的虚电子，它没有极化，就是物理学家所谓的"零自旋"的电子。实际上，电子确有一种极化，不过它对主要概念没有添加多少东西，只不过使公式略复杂一些。]我把这个作用的振幅称为$E(A至B)$，它的大小也取决于(X_2-X_1)和(T_2-T_1)（与注释2中描述的组合相同），以及被称为"n"的数，n这个数一旦确定下来，就能使我们所有的计算结果同实验一致。（以后我们会讲到如何确定这个"n"值。）E的计算公式相当复杂，我很遗憾不知如何用简单的话加以解释。但是，你可能很愿意知道这么一点，即如果$n=0$，那么$P(A至B)$——即一个光子在时空图中从一点到另一点——的计算公式同$E(A至B)$——一个电子从时空图中的一点到另一点——的计算公式是一样的。[3]

　　第三种基本作用是：一个电子发射或吸收一个光子——我将把这种作用叫作"联接"或"耦合"，叫什么名称倒是无所谓。为了在我的图上把电子和光子区别开来，电子在时空图上的移动用直线标出。这样，每一次耦合都是两条直线同一条波纹线联接在一起（见图58）。关于释放或吸收一个光子的振幅并没有什么复杂的公式，它也不取决于任何其他量，它就是一个"数"，我把这个决定联接的数称为 j，其值是 -0.1 左右：即缩短约1/10，并旋转半圈。[4]

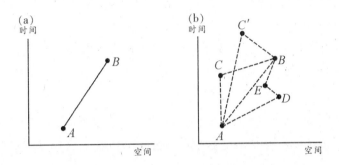

图57 电子自时空图中的一点至另一点的振幅称为"$E(A$ 至 $B)$"，虽然我把 $E(A$ 至 $B)$ 表示为两点间的直线(a)，但我们可以把它想象为许多振幅之和(b)，这些振幅包括电子在"两步"路径中于 C 或 C' 改变方向的振幅，在"三步"路径中于 D 和 E 改变方向的振幅——此外还有自 A 直达 B 的振幅。电子可在任意处改变方向，改变次数可以从零至无穷多。电子在从时空图上 A 至 B 的途中改变方向的转折点可以多到无限，所有这些全包含在 $E(A$ 至 $B)$ 的公式中。

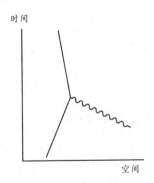

图58 电子（用直线表示）以一定的振幅发射或吸收光子（用波纹线表示），因为发射或吸收的振幅是一样的，我把两者都称为"耦合"。耦合的振幅是一个数，我称之为 j；对电子来说它大约等于 -0.1（这个数有时也叫作"电荷"）。

好了，几种基本作用我就都讲完了。只是极化我没有讲，极化使问题稍稍复杂一点，我们总把它略去不加考虑。下一步的事情是把这三种作用合在一起来表达更复杂一点的情况。

作为第一个例子，我们计算一下位于时空图上1、2两点的两个电子终止于3、4两点的概率（见图59）。这个事件可以几种方式发生。第一种方式是位于1的电子走到3，——计算时，我们把1、3代入$E(A至B)$的公式，写作$E(1至3)$——和位于2的电子走到4——用$E(2至4)$计算。这是两个相伴发生的子事件，所以这两个箭头相乘就可以得出事件以第一种方式发生的箭头。这样，我们将这"第一方式箭头"写作$E(1至3) \times E(2至4)$。

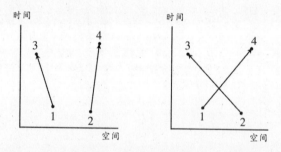

图59 为了计算位于时空图上1、2两点的电子终止于3、4两点的概率，我们用$E(A至B)$的公式先计算1至3和2至4这"第一种方式"的箭头；然后计算1至4和2至3（交叉路径）的这"第二种方式"的箭头。最后我们将"第一方式箭头"和"第二方式箭头"相加得到最终箭头的一个很好的近似。（对于虚构的简化的"零自旋"电子，上述作法是对的。如果把电子的极化考虑进去，那应将两个箭头相减——而不是相加。）

这事件可能以另一种方式发生，即位于1的电子走到4，位于2的电子走到3——同样，这也是两个相伴发生的子事件，这"第二方式箭头"是$E(1至4) \times E(2至3)$，我们把它和"第一方式"箭头加起来。[5]

　　这对此事件的振幅是个很好的近似。如果要做更精确的计算以便更符合实验结果，我们必须考虑这个事件发生的其他可能的方式。例如，在这两种主要方式中，每一种都可能出现这样的情况，即一个电子可能突然冲到一旁一个新的好地方，并在那里发射出一个光子（见图60），这期间另一个电子可能跑到另一个新地方并吸收了这个新光子。计算这些新方式中的第一种方式的振幅涉及如下几个量相乘：电子从1到那个新的地方5（它在那里发射一个光子），然后从5到3；另一个电子从2到另一个地方6（它在那里吸收了那个光子），然后从6到4。我们一定别忘记还要包括光子从5到6的振幅。我准备用高级的数学形式写出事件以这种方式发生的振幅，而你们可以跟着来，这就是

$$E\,(1至5)\times j\times E\,(5至3)\times E\,(2至6)\times j\times E\,(6至4)\times P\,(5至6)$$

　　这其中包括了很多缩短和旋转。（我想请你们写出另一种情况的符号，即位于1的电子终止于4，位于2的电子终止于3。）[6]

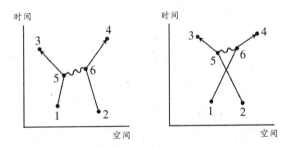

图60　图59中的事件可以两种"其他方式"发生：每种情况都有一个光子在5发射出来，在6被吸收。这两种情况的最终状态与图59的情况一样，两个电子进去，两个电子出来，结果不可区分。所以，要想求得此事件最终箭头的较好的近似，这些"其他方式"的箭头必须加到图59的箭头上去。

但是，且慢！位置5和6可以位于时空图上任何地方——是的，任何地方！这样，所有它们可能位于的那些地方的箭头都必须计算出来并加在一起。你们看，这工作量就大起来了。规则倒不是很难，这就像下棋一样：规则简单，但你要再三再四不断地应用它们。所以计算的困难是在于不得不把许许多多的箭头弄在一起，这就是研究生为什么一定要用四年的时间来学习如何有效率地做这个相加的工作——而我们现在正在讨论的则是一个容易的问题。（当问题变得太复杂时，就要使用电脑！）

关于光子被发射和吸收，我想指出：如果点6晚于点5，我们可以说光子在点5处发射出，在点6处被吸收（见图61）；如果点6早于点5，我们大概宁愿说，光子在点6处发射出，在点5处被吸收。其实，我们也完全可以同样地说，光子在时间上是倒行的！不管怎么说，我们都不必担心光子在时空图中走的是哪条路，所有的路都包含在 P（5至6）的公式中了，我们说光子是"被交换了"，大自然是多么简单啊！这不美吗？[7]

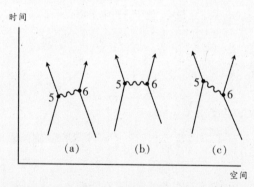

图61 由于光以快于或慢于寻常光速的速度运动的情况都有振幅，上述这三个例子中的光子都可以被认为是从点5被发射出，而在点6被吸收，即使是在例(b)中，光子的发射和吸收是在同一时间发生的，在例(c)中的光子是发射晚于吸收 [例(c)这种情况，你可能更愿意说光子是被6发射而被5吸收，不然的话，光就非要在时间中倒行不可了！]。就计算（和自然界）而言，这些情况都一样（它们也都是可能的），所以我们只是说一个光子"被交换"，并把在时空图上的位置代入公式 P（A 至 B）中。

现在请看，除了 5 与 6 两点之间交换的光子之外，7 和 8 两点之间也可能交换另一个光子（见图 62）。我真是懒得把所有基本作用（其箭头须乘起来）都写下来，但是，你们可能注意到了——有一条直线，就有一个 $E(A$ 至 $B)$；有一条波纹线，就有一个 $P(A$ 至 $B)$；有一个耦合，就有一个 j。这样，对每一组可能的 5、6、7 和 8 就有六个 $E(A$ 至 $B)$，两个 $P(A$ 至 $B)$，和四个 j。这就造成了亿万个小箭头，必须把它们乘起来，然后再加在一起！

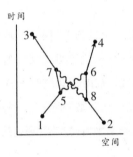

图 62　图 59 中的事件还可能以其他方式发生，这就是可能有两个光子被交换，此方式的作图可有许多种（以后我们会看得更细致），这儿所显示的就是其中一种。它的箭头包含所有可能的中间点 5、6、7 和 8，计算起来很困难。因为 j 小于 0.1，与图 59 所示的"第一种方式"和"第二种方式"（它们不含 j）相比，一般来说，这个长度要小于万分之一（因为计算要含四个耦合）。

看起来，计算这么一个简单事件的振幅都是件无望的事情，但如果你是个研究生，非得要学位不可，你就必须不断做下去。

但是成功的希望还是有的，这就在于那个魔数 j。这个事件的前两种可能发生的方式，计算中没有 j；下一种方式有 $j \times j$。我们讲的最后一种方式是 $j \times j \times j \times j$。由于 $j \times j$ 小于 0.01，这就意味着这种方式的箭头比前两种方式箭头的 1% 还要小，而同 $j \times j \times j \times j$ 相应的箭头则比没有 j 的箭头的 1% 的 1%（即万分之一）还要小。如果你有足够的时间用在电脑上，你可以把概率算得包含 j^6 ——百万分之一，所得的概率可同实验的精确度相配。简单事件就是这样计算出来的。这就是工作的方法，而且全部工作方法就这些，没别的了。

现在让我们看看另一个事件。我们从一个光子和一个电子开始，再终止于一个光子和一个电子。这个事件可能发生的一种方式是：一个光子被一个电子吸收，这个电子又继续前进一点，然后新的光子跑了出来。这个过程叫光的散射。在对散射问题作图和计算时，我们必须包括几个特殊的可能性（见图63）。例如，电子在吸收一个光子之前可能先放出一个光子（见 b），甚至更奇怪的是另一种可能性，即电子发射出一个光子，然后在时间上倒退回去，去吸收一个光子，然后过程再沿时间向前发展（见 c）。这类"倒行"电子的路径在实验室的实际物理实验中能够看到，确实是真的。它的行为已包含在这些图和关于 E（A 至 B）的公式中。

从时间向前进的角度来看，向后倒行的电子和普通电子是一样的，只不过它要被正常的电子所吸引——我们说它带正电荷。（如果把极化效应考虑在内，就可以明显看出倒行电子的 j 的符号为什么反过来，正是这点使得电荷为正。）为此，我们把它称为正电子，正电子是电子的姐妹粒子，它是"反粒子"的一个例子。[8]

这个现象是普遍的。自然界中每种粒子都有时间倒行的振幅，所以每种粒子都存在着反粒子。粒子和它的反粒子相撞时，它们相互湮灭并形成其他粒子。（正电子和电子湮灭时，通常形成一个或两个光子。）那么光子怎么样呢？光子在时间中倒行时，在所有各方面都显得完全一样（正如以前看到的那样），所以它们是自己的反粒子。瞧！我们把规则的例外情况处理得多么漂亮！

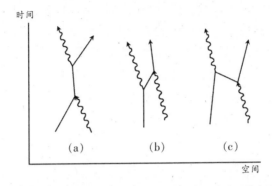

图63　光的散射须包括一个光子进入一个电子和一个光子从电子中出来——顺序不一定如此，如例(b)所示。例(c)所示的是一种奇怪而真实的可能性：电子发射一个光子，再沿时间倒行回来吸收一个光子，然后沿着时间向前进。

我现在想给你们讲讲，当我们沿时间向前时，在时间上倒行的电子在我们看起来是怎样的。我们用一组平行线来帮助眼睛，这组平行线将图形分割为时间区域，T_0 至 T_{10}（见图64）。我们从 T_0 开始，这时，一个电子移向一个光子，而这个光子的运动方向则正相反。突然，在 T_3 处，这个光子变为两个粒子 —— 一个正电子和一个电子。正电子存在的时间不长，它很快就奔向原来那个电子，在时间 T_5，它们湮灭并产生一个新的光子。在这段时间，初始光子在不久前造出来的那个电子在时空图中继续前进。

下一个我准备讨论的问题是原子中的电子。为了理解原子中电子的行为，我们不得不把原子中另外一部分加上，这就是原子核 —— 位于原子中心的很重的部分，它包括至少一个质子（一个质子就是一个

"潘朵拉的盒子"*，下一讲时，我们将打开这个盒子）。这一讲里，我不讲关于核的行为的正确规律，它们非常复杂。但是，在核静止不动的这种情况下，我们可以近似地把它的行为看作是一个粒子在时空图上从一点到另一点的振幅按 E（ A 至 B ）的公式计算的粒子，只是 n 值要高得多。因为与电子比起来核要重得多，我们这里可以对它做近似处理，即认为随着时间的前进，它在空间中实际上停在原处不动。

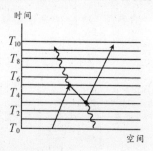

图64　仅以活动都是沿时间的前进方向（因为在实验室里我们非这样做不可）来看图63中的例(c)，从 T_0 到 T_3，我们看到一个电子和一个光子相向运动，突然在 T_3，这个光子"分裂"，出现两个新粒子——一个电子和一种新粒子（叫作正电子，是时间上倒行的电子）。这个新粒子显然朝初始电子移动。在 T_5，正电子与初始的电子湮灭，产生一个新光子。在此期间，初始的光子创造的那个电子在时空图中继续前进。这一系列的事件均可在实验室观察到，并自动地包含在 E（ A 至 B ）的公式中，而无须任何修正。

　　最简单的原子叫氢，它有一个质子和一个电子。靠着交换光子，质子一直把电子束缚在自己周围，让它绕着自己跳舞（见图65），[9] 包含一个以上质子和相应数量电子的原子也散射光（空气中的原子就散射太阳光并使天空呈蓝色），但这些原子的示意图里包含的直线和波纹线太多，以致完全乱作一团。

---

* Pandora's Box，意即麻烦的根源。——译注

　　现在我给你们看看氢原子中的电子散射光的图（见图66）。当电子同核交换光子时，一个光子从原子外面进来，打到电子上并被电子吸收，然后放出一个新的光子。（同以往一样，也有其他可能性要考虑，比如在老光子被吸收之前，新光子就释放出来了。）电子能够散射一个光子的所有路径的总振幅可以总和为单独一个箭头，即一定量的缩短和旋转。（我们以后将把这箭头称为"S"。）这个缩短和旋转的量取决于核以及电子在原子中的布局，不同的物质这个量是不同的。

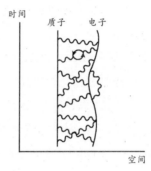

图65　电子通过与质子（一个"潘朵拉的盒子"，第四讲将仔细讨论）交换光子而被束缚在原子核附近的一定范围内。而现在可以把质子近似地看成是一个静止的粒子。这里画的是氢原子，它由一个质子和一个与之交换光子的电子组成。

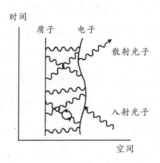

图66　光被原子中的电子所散射，这是玻璃部分反射的原因，此图是这个事件在氢原子中发生的一种可能的方式。

现在，让我们再次看看光被一片玻璃部分反射的情况。这个反射是怎样进行的呢？我曾经讲过光是从前表面和后表面反射的。表面反射这个概念是我做的简化，为的是使讲座开头时容易些。光实际上不是被表面反射的。一个入射光子被玻璃里的原子中的电子所散射，然后一个新光子返上去到达探测器。有趣的是，我们无须把玻璃里面所有电子的亿万个小箭头（每个箭头代表该电子散射一个入射光子的振幅）通通加起来。我们可以只把"前表面"和"后表面"的反射的两个箭头加起来，所得的结果是一样的。让我们看看这是为什么。

为了从新的观点来讨论一个薄层反射的问题，我们必须考虑时间这一维。前面，我们在讲到单色光源发出的光时，我们用了一个想象的秒表对光子的运动记时——这个秒表的指针给出某一指定路径的振幅的角度，在公式 $P(A至B)$——这是光子从一处至另一处的振幅——中，没有涉及旋转。秒表怎么了？为什么不转了？

在第一讲里我只谈到了光源是单色的情况，为了正确分析一个薄层的部分反射，我们需要对单色光源了解得更多一些。一般说来，光子被光源发射出来这个事件的振幅是随时间变化的：当时间前进时，一个光子为光源所发射的振幅的角度将改变。白光（多种色光混合在一起）光源以混乱的方式发射光子，就是说振幅的角度一阵阵突然而且无规则地变化。但是，在我们建造一个单色光源时，实际上在制作一个已精心安排好的装置，它使得某一时刻一个光子被发射出来的振幅很容易计算出来：这个振幅像秒表针一样以恒定速度改变角度。（实际上，这个箭头以同我们以前采用的想象中的记秒表同样的速度旋转，只是方向相反——见图67。）旋转的速率取决于光的颜色：对蓝光源来说，振幅的转速是红光源的两倍，这同我们前面所讲的一样。这样，我

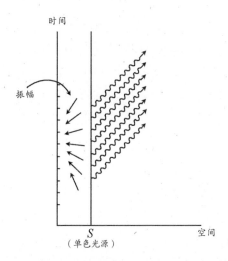

图67　一个单色光源是一架构造得极美的装置，它能够以可预测得相当好的方式发射光子：光子在某时刻被发射出来，这个事件的振幅随时间的前进而以逆时针方向转动，这样，该光源在稍晚时刻发射光子的振幅，其角度要稍小一点。这里假设从光源中发射出来的光子，都以速度c运动（因为距离相当大）。

们用作"想象中的秒表"的记时器就是单色光源——事实上，一个给定路径的振幅的角度取决于光子何时从光源发射出来。

　　光子一旦发射出来，它在从时空图的一点到另一点的过程中箭头就不再转了。虽然公式$P（A 至 B）$告诉我们光以不同于c的速度从一点到另一点的振幅并不是零，但在我们的实验中，光源到探测器的距离相当大（同一个原子相比），在相互抵销之后，对$P（A 至 B）$的长度真有贡献的就只有速度c了。

　　在开始对部分反射做新的计算之前，我们先对A处的探测器在某一时刻的一声作响给个完整的定义。我们把玻璃分成若干薄层——例如分成六层吧（见图68a）。在第二讲我们得知几乎所有的光都是从玻璃的中央反射的，从这个分析可以知道虽然每个电子都向所有的方向散射光，但当把每一层的所有箭头都加起来以后，唯一没有抵销掉的地方就是光向下直射到这些层的中间部位的地方，光在这里可沿两个方向散射——直返上去到探测器，或直接下来通过玻璃。将代表竖直通过玻璃的六个中心点（X_1至X_6）的光散射的箭头都加起来就确定了这个事件的最终箭头。

好！现在我们就来计算光经过X_1至X_6可能走的每一条路径的箭头。每一条路径都涉及四步（这意味着有四个箭头要相乘）：

——第一步：一个光子在某一时刻被光源发射出来。

——第二步：该光子从光源到达玻璃里这六个点中的一点。

——第三步：该光子被该点的一个电子所散射。

——第四步：一个新光子寻路上来到达探测器。

我们会说第二步和第四步（一个光子走向或离开玻璃的某一点）的振幅没有缩短或旋转，因为我们可以假设在光源和玻璃之间或玻璃和探测器之间没有光损失掉或分散开。对于第三步（一个电子散射一个光子），散射的振幅是个常数——即缩短和旋转某一定量S——而且在玻璃中各处都是一样的。（我以前提到过这个量随物质的不同而不同。对玻璃来说，S的旋转为$90°$。）这样看来，在需要相乘的四个箭头中，只有第一步的箭头（即光子在某一时刻被光源发射出来的振幅），对不同的光子来说是不同的。

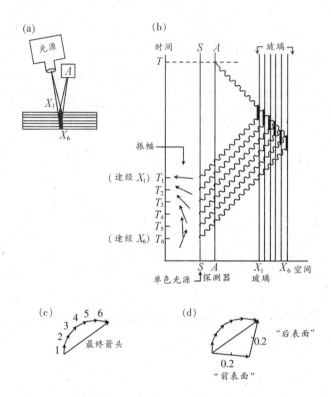

图68　我们对部分反射做个新的分析,先将这片玻璃分为若干薄层(这里是六层),然后看光从光源到玻璃再返上去到达A处探测器的各种方式。玻璃中最重要的几个点是每层中央的点(这里光散射的振幅不被抵销掉)。(a)中示出X_1至X_6在玻璃中的实际位置;(b)则示出它们在时空图竖直线上的位置。我们要计算的是在某时刻T,A处的探测器作响这事件的可能性。就是说,这个事件就是时空图上的一点(A与T的相交处)。
对于这个事件发生的每一条可能途径,都一定按顺序先后走四步,所以这四个箭头应该相乘。这四步在(b)中示出:
①一个光子在某一时刻离开光源(T_1至T_6的箭头代表此事件在这六个不同时刻的振幅);
②光子从光源到这六个点中的一点(六者在图中以向右上方倾斜的六条波纹线示出);
③位于这六点中一点的电子散射一个光子(以短粗的纵线标出);
④一个新光子向探测器奔去,并在时刻T到达(以向左上方倾斜的波纹线标出)。对这六个可能途径而言,它们的2、3、4步的振幅是相同的,只是第一步的振幅不同;与被玻璃表层的电子(位于X_1)散射的光子相

比，被较深的第二层散射出来的光子必须于早些时候（T_2）离开光源。将每一种可能路径的四箭头乘起来，得出的箭头［如(c)所示］短于(b)中所示的箭头，而且都转了90°（这同玻璃中电子的散射特性相一致）。将这六个箭头按顺序相加，它们组成一个弧形，最终箭头是它的弦。用另一种方法同样可以得出这个最终箭头，如(d)所示，画两个半径箭头，令它们相减（即把"前表面"的箭头转到相反方向，并将它同"后表面"箭头相加），这就是我们在第一讲中采取的捷径。

必须在时刻 T 到达探测器 A 的诸光子，它们被发射出来的时间（见图68b），对六个不同的路径不是一样的。在 X_2 处散射的光子被发射出来的时间要比在 X_1 处散射的光子被发射出来的稍微早一点，因为经过 X_2 的路径稍长一些。这样，T_2 处的箭头要比 T_1 处的箭头旋转得多一点，因为单色光源在某一时刻发射出一个光子的振幅随发射时间的前进而以逆时针方向旋转。同样的道理适用于从 T_1 直到 T_6 的所有箭头：这六个箭头的长度全都一样，但它们旋转到不同的角度，就是说，它们指向不同的方向，因为它们代表光源在不同时间发出的光子。

在将 T_1 处的箭头按照第二、三、四步指示的量缩短，并按第三步所指示的旋转90°以后，我们得到箭头1（见图68c）。用同样的方法我们得到箭头2—6。这样，箭头1—6的长度都相同（经缩短后），而且旋转后六个箭头相互间的角度与在 T_1 至 T_6 六个时刻这几个箭头相互间的角度完全相同。

下面我们要将箭头1至6加起来。将这些箭头从1至6按顺序联结起来，我们就得到一个类似弧形或半圆的图形。最终箭头是这个弧的弦。最终箭头的长度随玻璃厚度的增加而增加——较厚的玻璃意味着可分为较多的薄层、有较多的箭头，从而弧在圆上占更大的部分——直到弧达到半圆那样大（即最终箭头是该圆的直径）。然后，最终箭头的长度就随玻璃厚度继续增加而变短，当完成一个圆后又开始一个新的圆。这个长度的平方就是这个事件的概率，它以0至16％的循环周而复始地变化。

数学上有个窍门，我们可以用它来得到同样的答案（见图68d）：如果从这个"圆"的中心到箭头1之尾和箭头6之头分别画两个箭头，我们会得到两个半径。如果将从圆心到箭头1的半径箭头旋转180°即被"减去"，那么将它同另外那个半径箭头合成，就会得到同样的最终箭头！这就是我在第一讲中所做的：这两个半径就是我所说的分别代表"前表面"反射和"后表面"反射的两个箭头。它们的长度均为那个著名的0.2。[10]

这样，通过不真实地想象所有的反射都仅来自前后两个表面，我们就可以得到关于部分反射概率的正确答案，在这个依直觉所做的简单分析中，"前表面"与"后表面"箭头是能够给我们正确答案的数学上的作图法；而我们刚才用时空图和组成部分圆的箭头所做的分析才是比较准确地代表真实发生的情况：部分反射是玻璃内部的电子对光的散射。

现在我们来看，通过了这片玻璃的光又怎样了呢？首先，有一个振幅是相应于光子直线通过玻璃，没有碰上任何电子（见图69a）。按长度来说，这个箭头是最重要的。但是，光子还有六个其他途径能够到达玻璃下面的探测器：光子可能到达X_1并散射出一个新光子落到B上；光子也可能到达X_2，散射出新光子落到B上，等等。这六个箭头的长度都与前面那个例子中组成"圆"的那些箭头长度一样，因为它们的长度都是基于玻璃内一个电子散射一个光子的相同振幅S。但这次所有这六个箭头都指向同一方向，因为都只有一次散射的这六条路径的长度是相同的。这些小箭头的方向同透明物质（如玻璃）的主箭头成直角。这些小箭头与主箭头相加，结果使得最终箭头的长度与主箭头一样，但稍稍偏转了一点方向。玻璃越厚，小箭头越多，最终箭头偏转得越多。这就是聚焦透镜真正的工作方式：厚度较大的玻璃嵌入较短的路径中，使得所有路径的最终箭头能够指向同一方向。

如果光子在玻璃中比在空气中行进得慢，也会出现同样的效应，因为最终箭头要旋转得多些。这就是为什么我早些时候说看来光在玻璃（或水）中行进得比在空气中要慢一些。实际上，光行进得"慢些"是玻璃（或水）中的原子散射光引起的额外旋转造成的。光在通过给定物质时最终箭头额外旋转的程度称为该物质的"折射率"。

对于透明体，这些小箭头同主箭头成直角（如果我们将双散射、三散射考虑在内的话，这些小箭头实际上是向内弯进来的，以确保最终箭头不会长于主箭头：自然界永远设法做到这一点，所以投进来的光是多少，我们就得到多少，永远不能多得一点）。对于半透明物质（它们吸收一部分光），小箭头指向主箭头，这就使得最终箭头比主箭头小得多［如(b)所示］，这较短的最终箭头就代表一个光子透射通过半透明体的已变小的概率。

对于吸收光的物质来说，小箭头与主箭头之间夹角小于直角（见图69b）。这就使得最终箭头比主箭头短，这意味着光子通过半透明玻璃比通过透明玻璃的可能性要小。

这样，前两讲中提到的所有现象和任何一个数字，诸如部分反射的振幅为0.2，光在水和玻璃中的"变慢"，等等，用这三种基本作用都可以解释得更为详尽 —— 事实上，这三种作用确实也解释了几乎所有其他现象。

　　大自然千变万化的现象几乎全都是这三种基本作用千篇一律的不断组合的结果，这真让人难以置信。但事实确实如此。下面我概略地讲一点这种"千篇一律"怎样导致"千变万化"。

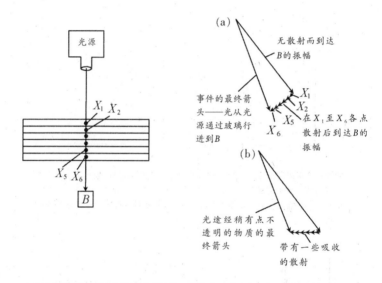

图69　光不为玻璃中的电子所散射而直接通过玻璃的振幅是光从这层玻璃透射出来到达探测器B的最大振幅［如(a)所示］。将它与代表光从这六层中每一层（以点 X_1 至 X_6 为代表）散射的六个小箭头相加。这六个小箭头长度相同（因为玻璃中各处的散射振幅都是相同的），并指向同一方向（因为从光源途经六点中任意一点再到B长度都是一样的）。将这六个小箭头同那个大箭头相加以后，我们发现光从一片玻璃透射出来的最终箭头，比起"光通过玻璃（无散射地）直接出来"的箭头，要偏转得多一些。因此在我们看起来，光通过玻璃比通过真空和空气要用更多的时间。由于物质中的电子而导致最终箭头的额外偏转量就叫作"折射率"。

我们可以从光子讲起（见图70）。在时空图上位于1、2两点的两个光子到达位于3、4两点的探测器的概率是多少？这个事件可以两种主要方式发生，每一种方式都取决于相伴发生的两件事：光子可以直达，即P（1至3）$\times P$（2至4），也可以交叉进行，即P（1至4）$\times P$（2至3），这两种可能性的结果振幅相加，就有了干涉（正如我们在第二讲中看到的）。这个干涉使得最终箭头的长度发生变化，变化的大小取决于所取各点在时空图中的相对位置。

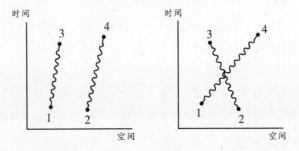

图70 位于时空图上点1和点2的光子到达点3和点4的振幅可近似地考虑为由两种主要的方式组成：P（1至3）$\times P$（2至4）和P（1至4）$\times P$（2至3）（如图所示）。随着点1、2、3、4的相对位置不同，干涉程度也不同。

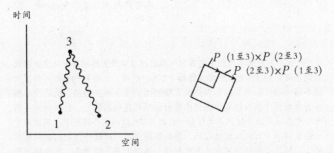

图71 如果点4和点3重叠在一起，那么P（1至3）$\times P$（2至3）同P（2至3）$\times P$（1至3）这两个箭头在长度和方向上完全一样。相加时这两个箭头总是成直线排列，构成其中任一箭头的两倍，而最终箭头的平方则是其中任一箭头平方的四倍。所以，光子倾向于奔向时空图中的同一点。光子越多，这个效应越大，这就是激光作用的基本原理。

　　如果我们使点3和点4位于时空图中同一点,情况会怎么样呢(见图71)?比如说,这两个光子都终止于点3,让我们看看这对事件的概率会有什么样的影响。现在我们有 P(1至3)$\times P$(2至3)和 P(2至3)$\times P$(1至3),这是两个全同箭头。相加时,两箭头之和的长度是每个箭头的两倍,而最终箭头的平方是每单独一个箭头的平方的四倍,因为这两个箭头是全同的,它们永远是"成直线排列"。换句话说,干涉不会由于点1和点2之间的相对间隔而起伏;它永远是相长干涉。如果没想到这两光子永远是相长干涉这一点,我们就会以为应该得到(平均说来是)两倍的概率。可我们得到的总是四倍的概率。当光子相当多时,这种多于预期的概率甚至还要增加。

　　这会导致若干实际的效应。我们可以说光子倾向于进入同一条件,或者说同一"状态"(指在空间不同点发现一个光子的振幅不同的情形)。如果有几个光子已经处于某一状态(只要原子能够发射这个状态的光子),那么原子发射处于这个状态光子的机会就会增加。这个"受激发射"的现象是爱因斯坦发现的,当时他正在由于提出光的量子模型而创立量子理论。激光的工作就是基于这个现象。

　　如果我们拿虚构的、自旋为零的电子同光子作比较,那么电子也会发生同样的事情。但是,在真实世界里电子是极化的,所以,事情就大不一样了:E(1至3)$\times E$(2至4)和 E(1至4)$\times E$(2至3)这两个箭头相减,就是说在相加之前,这两个箭头中要有一个旋转180°。当点3和点4是同一点时,这两个箭头长度和方向都相同,所以相减时它们就抵销了(见图72)。这意味着电子和光子不同,它们不喜欢走到同一点去;它们之间像躲避瘟疫一样互相躲着——没有两个极化相同的电子能够处于时空图的同一个点上——这就是所谓的"不相容原理"。

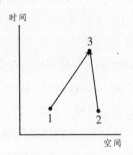

$$E(1至3)\times E(2至3) \quad E(2至3)\times E(1至3)$$

图72 如果两个电子（极化相同）试图达到时空图上的同一点，那么由于极化效应，干涉永远是相消干涉：两个相同的箭头 E（1至3）$\times E$（2至3）和 E（2至3）$\times E$（1至3）相减使得最终箭头为零。两个电子讨厌出现在时空图上同一点，这叫作"不相容原理"，它是宇宙间存在大量不同原子的原因。

这个不相容原理原来就是原子具有千千万万种不同化学性质的根由。一个质子同围它跳舞的一个电子交换光子，它就叫作氢原子。两个质子同它周围的两个（极化方向相反的）电子交换光子，它就叫作氦原子。你们看，化学家数数儿的办法真复杂：他们不说"一、二、三、四、五个质子"，偏要说"氢、氦、锂、铍、硼"。

电子只有两种可能的极化方式，这样，在核内有三个质子（可同三个电子交换光子）的原子——锂原子中，第三个电子与另两个电子（这两个电子占满了离核最近的可占位置）相比，离核比较远，与质子交换的光子也比较少，这就使得这个电子很容易在来自其他原子的光子的影响下，逃离自己所属的核。大量这种原子凑在一起，就很容易失去它们各自的第三个电子，从而组成一个在原子与原子之间到处游泳的电子海。对任何一点小的电力（光子），这个电子海都会有反应，从而形成电流——我现在讲的是锂金属的导电性。氢和氦原子不会将自己的电子丢给其他原子，它们是"绝缘体"。

　　所有各种原子 —— 有一百多种 —— 都是由一定数目的质子（它们与同数量的电子交换光子）组成的。它们聚成原子的形式复杂多样，从而展示出千变万化的各种性质：有些是金属，有些是绝缘体；有些是气体，另一些是晶体；有软东西，有硬东西；有带颜色的东西，也有透明体 —— 简直是形形色色、五花八门，让人目不暇接，所有这些都来源于"不相容原理"和那三个很简单的作用 $P(A至B)$，$E(A至B)$ 和 j 的不断重复。（如果这个世界上的电子是非极化的，那么所有的原子都会具有同样的性质：所有电子将群居在一起，紧靠着自己的原子核，它们不会那么容易被其他原子所吸引而发生化学反应。）

　　你也许会奇怪，这么简单的几个作用怎么会产生如此复杂的世界。这是因为我们在这个世界上所看到的现象是极其大量的光子的交换和干涉错综复杂地交织在一起的结果。知道这三种基本作用仅仅是朝着分析任何一种真实情况迈进的一小步，光子的交换量极大，多到不可胜数 —— 至于哪种可能性比较重要，那就要凭经验了。这样，我们发明了诸如"折射率""压缩系数""原子价"等概念，在有大量细节需要考虑时，我们借助这些概念作近似计算，知道这三种基本作用同懂得下棋规则类似 —— 下棋规则是基本而简单的，但要能够下好棋，就要懂得棋盘上每个位置的特点，各种情况的性质，而掌握这些，那可是高深多了，困难多了。

　　物理学有很多分支，诸如研究为什么铁（有26个质子）是磁性的，而铜（有29个质子）却无磁性，或者为什么一种气体是透明的，而另一种气体却不透明等等，这些分支叫作"固体物理学"，或"液态物理学"，或"实际的物理学"。而发现了这三种简单的小作用（最容易的部分）的分支学科，我们把它叫作"基础物理学"—— 我们把这个名称偷了来，是为了使其他物理学家感到不舒服！在今天，最令人感兴趣的问题——当然也是最实际的问题——显然是固体物理学中的问题。但是有些人则说再没有什么能比一个好理论更实际的了，而量子电动力学理论就不折不扣地是个好理论。

最后，我想返回来讲一讲1.00115965221这个数，我在第一讲中谈过人们曾仔细地测量和计算它。这个数代表一个电子对外磁场的响应，我们把它称为"磁矩"。在狄拉克首先想出规则来计算这个数时，他使用了公式$E(A至B)$并得出了很简单的答案，我们将把这个答案看作1（在我们的单位体系中）。电子磁矩的一级近似图形是很简单的——一个电子在时空图上从一点移到另一点，并与来自一个磁体的光子相耦合（见图73）。

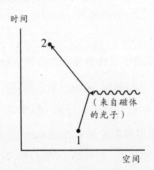

图73　狄拉克计算电子磁矩的图是很简单的。这个图所代表的值将被称为1。

几年以后，人们发现这个值并不精确地为1，而是稍大一点——约为1.00116。这个修正数第一次是1948年由施温格（J. Schwinger）用$j \times j$除以2π得到的，修正的理由是，电子从一点到达另一点还可以有另一条路径，这就是说，电子不是从一点直接到另一点，它也可以向前移动一会，突然放出一个光子，然后（你说可怖吧）又把自己那个光子吸收回来（见图74）。恐怕这么做有点不那么"道德"，但电子确实就这么干!要计算出这另一条不同路径箭头的大小,我们必须在时空图上凡是光子能够被发射和光子能够被吸收的所有各处全画上箭头。这样,就应有两个额外的 E(A 至 B)、一个 P(A 至 B)和两个额外的 j,将所有这些乘起来。研究生要在研究生院的第二学年的初级量子电动力学课上学习如何做这个简单的计算。

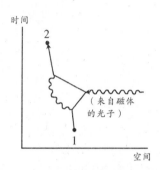

图74　实验室中的实验表明,电子磁矩的实验值不是1,而是比1稍大一点。这是由于还存在其他可能方式。电子可能发射出一个光子,然后再把它吸收——这需要两个额外的 E(A 至 B)、一个 P(A 至 B)和两个额外的 j,施温格将这种可能性考虑在内计算出来的修正值是 $j \times j$ 除以 2π,因为这种方式从实验上无法同电子原来那种方式(一个电子从点1出发到达点2)分开,所以这两种方式的箭头应相加,于是出现干涉。

但是,且等一下:实验对电子行为的测量已相当精确,以至必须考虑我们的计算中还须计及其他可能性 —— 电子从一处到另一处的所有那些共涉及四个额外耦合(见图75)的可能性。电子发射和吸收两个光子的方式有三个。此外,还有一个新的、有趣的可能性(见图75右端):一个光子被发射出来,它造成了一个正电子 — 电子对,然后 —— 再次,如果你还抱着你的"道德上的"异义的话 —— 电子和正电子将湮灭,产生一个新光子,它最终被电子所吸收。这种可能性也必须计算在内!

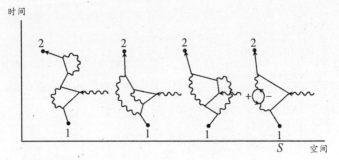

图75 实验室的实验进一步精确，以至我们必须（对时空图上所有可能的中间点）计及含四个额外耦合的那些可能的待选方式。这里示出其中的几个，右端的那个待选的路径包含一个光子分裂为一个正电子–电子对（如图64所示），这个正电子—电子对再湮灭而产生一个新光子，它最终为电子所吸收。

曾有两组相互"独立"的物理学家，花了两年时间计算这后一项，然后他们又花了一年的时间发现一处错误——实验测定的值与计算值稍稍有些不同，而且有一阵子看来似乎是这个理论第一次同实验结果不符。但是，否！这是个计算上的错误。怎么两个小组会犯同样的错误？原来，在计算接近尾声时，两个小组曾交换过意见，并且抹掉了他们计算上的差异。这么一来他们就并不是真正独立的了。

含有六个额外 j 的项所涉及的事件可能发生的方式甚至更多，现在我画几个给你看看（见图76）。人们花了二十年的时间才把这个额外的精确值引入电子磁矩的理论值。在这段时间内，实验物理学家又做了更细致的实验，并将实验值的小数点后面又多添了几位——理论仍然同这个值符合得很好。

这样，为了计算，我们做了些图表，写下数学上它们相当于什么，再把这些振幅加起来——这过程简单易行，就像写"食谱"一样。所

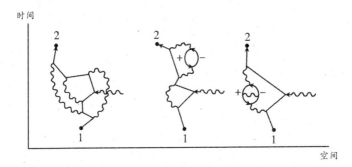

图76　为使理论值更加精确，计算现在还在继续。对振幅做出下一个贡献的是含六个额外耦合的所有可能性，它包括差不多70个图，这里画出其中的三个。到1983年，理论值为1.00115965246，不定度为小数点后最后两位大约20，实验值为1.00115965221，不定度量为小数点后最后一位大约4。这个精确度相当于测量洛杉矶到纽约的距离（超过3000英里）时，误差不超过一根头发的宽度。

以，机器就可以做这件事。现在我们有超级电脑，我们已经开始计算有八个额外 j 的项。目前的理论值为1.00115965246；实验值为1.00115965221，误差是小数点后最后一位数 ± 4。理论值的不定度（小数点后最后一位大约4），一部分是由于电脑的舍入误差，大部分则是由于我们知道的 j 值还不十分精确（最后两位数大约20）。有八个额外 j 值的项涉及900个图，每一个都有10万项——计算量大得不可思议。这个计算现在正在进行。

我敢肯定，几年之后，关于电子磁矩的理论值和实验值都会在小数点后再多添几位。当然，我不敢说这两个值是否会更加一致。关于这一点，在人们进行计算并做出实验之前，谁也不可能预料。

现在我们把这个数由浅入深地整整讲了一圈，这个数是我故意选来放在这几讲的开始来"吓唬"你们的。我希望你们现在对这个数的意义的理解要好多了：我们一直在检验奇妙的量子电动力学理论到底有多么正确，而这个数说明它的正确性已达到了多么令人吃惊的程度。

在这个讲座里，我从始至终以愉快的心情告诉你们，得到这样一个精确理论是以违背我们的常识为代价的。我们必须接受一些非常稀奇古怪的行为：概率的增大和减小，光从镜子的所有部分反射，光沿非直线路径前进，光子以快于或慢于寻常的光速运动，电子在时间中倒行，光子突然分裂为一个正电子－电子对，等等。但是，要真正懂得我们在这个世界所看到的几乎所有的现象背后大自然到底在干什么，我们非违背常识不可。

除了极化或偏振的专业细节没讲以外，我已经给你们描述了可以用来理解所有这些现象的框架。我们画出一个事件可能发生的所有路径的振幅，在一般情况下需将概率加起来的地方，我们就将这些振幅相加；在需将概率相乘的地方，我们就将这些振幅相乘。考虑什么问题都借助于振幅，在开始时可能会有点困难，因为它们太抽象了。但是要不了多久，大家就会熟悉这种奇怪的语言。在我们每日看到的大量现象的背后，只有三种基本作用：其中一种用简单的耦合数 j 来描述；另外两个则用函数 $P(A至B)$ 和 $E(A至B)$ 描述，这两者密切相关，这就是它的全部内容。从这里出发，所有其余的物理定律都可以推导出来。

但是，在结束这一讲前，我想再补充讲一点。人们即使不知道有关极化的技术细节，也照样可以理解量子电动力学的精神和特点。但是我敢肯定，如果我不把我省略掉的内容谈上几句，你们大家都会感到不舒服。光子原来有四种不同的形态，叫作四种偏振态，它们在几何上与时空图的四个方向相关。就是说，光子在 X、Y、Z 和 T 四个方向上

偏振。(恐怕你在什么地方会听说过,光只有两个偏振态,例如一个沿
Z方向前进的光子可能在两个同Z成直角的方向上(即X或Y方向)偏
振。好,你会猜得出来:在光子以光速前进相当长距离的情况下,Z和
T两项的振幅会完完全全给抵销掉。但是,对于往来于在原子内的质子
和电子之间的虚光子来说,T方向恰恰是最重要的。)

　　同样,一个电子也可处于同这四个方向相应的四种状态之一,不
过方式更微妙一点。我们可以把它们称作状态1、2、3、4。计算一个电
子从时空图中的点A至点B的振幅也变得多少复杂一点,因为我们现在
问的是这样的问题:"一个在点A释放出来的处于状态2的电子到达点
B并处于状态3的振幅是多大?"从起始于A处的四种不同状态到终止
于B处的四种不同的状态,共有16种可能的组合。这16种状态以简单
的数学方式同我曾讲过的公式E(A至B)相对应。

　　而对于光子,无须进行这类修正。就是说,在A处沿X方向偏振的
光子,在B处也沿X方向偏振,从A至B的振幅为P(A至B)。

　　极化引起了可能发生的大量不同耦合。比如说,我们可以问:"一
个处于状态2的电子吸收一个在X方向偏振的光子,然后变成处于状态
3的电子,这个事件的振幅是多大?"并不是极化电子所有可能的组合
都伴有与光子的耦合,但那些进行耦合的,就都以相同的振幅j耦合,
只是有的时候箭头要再多转几个90°。

　　各种不同类型的极化的可能性以及耦合的性质,全都可以从量子
电动力学和两个进一步的假设以非常优美的形式推导出来。这两个假
设是:1.我们实验室中所用的仪器转到任何方向都不影响实验结果;

2.实验仪器所在的飞船以任意某个速度运动也都不影响实验结果。
（这就是相对性原理。）

这个优美而普遍的分析表明：每个粒子都必须属于这一类或那一
类可能的极化或偏振，我们把这不同的类别称为自旋0，自旋1/2，自
旋1，自旋3/2，自旋2，等等。这些不同的类别行为方式不同。自旋0
的粒子是最简单的——它只有一个分量，实际上完全不极化。（我们
在这讲中所考虑的虚电子和虚光子就是自旋0的粒子。到目前，自旋0
的基本粒子我们还没有发现。）自旋1/2的粒子可以真实电子为例。自
旋1的粒子可以真实光子为例。自旋为1/2和1的粒子两者都有四个分
量，其他类型的粒子分量更多，例如自旋2的粒子，就有十个分量。

我曾说过，相对性和极化（或偏振）之间的关系是简单优美的，但
我不敢说，我能简单而优美地把它们解释清楚！（想解释清楚，我至少
要增加一讲。）有关极化（或偏振）的详细内容对于理解量子电动力学
的精神和特性虽说不是必不可少的，但是，当然要想对任何实际过程
做正确的计算，它们是必不可少的，而且，往往具有深刻的影响。

在这几讲中，我们主要讲解了电子和光子间在很小距离上的相当
简单的相互作用，而且只涉及很少几个粒子。但现在我想就这种相互
作用在较大空间里如何进行谈几句。在这里，相互间交换光子的数量
非常大，在这样的大尺度上，箭头的计算就很复杂了。

但是，有些情况并不太难进行分析。例如，在有些场合，光源发射
一个光子的振幅同其他光子是否被发射无关。这可能发生在光源（即
光源原子的核）很重，或者极大量的电子全都以相同方式运动（如广播

电台天线内的电子的上下运动，电磁线圈内的电子的绕线圈旋转）的情况下。这时会有大量的光子被发射出来，而所有光子全都属于同一类型。电子在这种环境下吸收一个光子的振幅与这个电子或其他电子此前是否吸收过其他光子无关。这样，这个电子的全部行为仅用它吸收一个光子的振幅即可描写清楚，这个振幅仅取决于电子在空间和时间中的位置。物理学家用普通的话语来描述这种情况。他们说这个电子在外场中运动。

物理学家用"场"这个词描述一个其大小取决于它在空间中所处位置的量。空气的温度是个很好的例子：温度随你在何时何处进行测量而改变。当把极化或偏振考虑在内时，这个场就有了较多的分量。[共有四个分量 —— 分别对应于吸收处于四类不同偏振态（X、Y、Z、T）之一的光子的振幅 —— 专业上我们把它称为矢量和标量电磁势。将这些综合起来，经典物理推导出更方便的分量 —— 称为电场和磁场。]

在电场和磁场变化足够慢的情况下，电子长距离移动的振幅取决于它的路径。同我们早些时候看到的光的情况一样，相邻路径的振幅的角度几乎相同的那些路径是最重要的路径。结论就是：粒子并不是必走直线。

这就把我们大家带回到经典物理。经典物理假设存在着场，电子在场中移动的方式是使某个量取最小值。这是量子电动力学规则如何导出大尺度现象的一个例子。从这里我们可以向四面八方扩展，不过我们还得局限在这个讲座圈定的范围之内。我只想提醒你们记住一点：我们在大尺度上看到的效应和在小尺度上看到的奇异现象，两者都是电子同光子相互作用的效果，而且两者最终都可以由量子电动力学的理论加以描述。

注释

1. 把这个情况完整地讲出来是很有意思的：如果 A、B 两处的探测器有毛病，它们只在某些时间里探测光子，那么就有三种可以区分开来的最终状态：1）A 与 D 处的探测器作响；2）B 与 D 处的探测器作响；3）只有 D 处的探测器作响，而 A、B 两处却无动静（它们停在初始状态）。前两个事件概率的计算方法在上面已经讲了。［只是还有额外的一种情况没有讲，即由于 A（或 B）处探测器有毛病，它们作响的概率减小了。］在只有 D 处探测器作响的情况下，我们不能把两种情况区分开——大自然引入干涉来和我们开玩笑——答案同没有探测器的时候一样（只是最终箭头需缩短为那两个探测器未作响的情况），最终的结果是个混合，是所有这三种情况的简单相加之和（见图 51）。当探测器的可靠性提高时，我们得到的干涉就少一些。

2. 在这几讲里，我都将把点的空间位置标在沿 X 轴的一维直线上。要将点标在三维空间里，需建一个"房子"，还需量出这个点到屋顶，以及相邻两堵墙的距离（它们之间均是直角）。这三个测量值可标为 X_1、Y_1 和 Z_1，这个点与测量值为 X_2、Y_2 和 Z_2 的第二个点之间的距离可用"三维毕达哥拉斯定理"来计算：实际距离的平方是

$$(X_2-X_1)^2+(Y_2-Y_1)^2+(Z_2-Z_1)^2$$

它与时间差的平方之差

$$(X_2-X_1)^2+(Y_2-Y_1)^2+(Z_2-Z_1)^2-(T_2-T_1)^2$$

——有时称为"间隔"或 I，爱因斯坦相对论说 P（A 至 B）必须取决于这个综合值。对 P（A 至 B）最终箭头做出主要贡献的地方正是你所期待的，即距离之差与时间之差相等的地方（就是说 I 是零）。但 I 不为零的情况对 P（A 至 B）也是有贡献的，贡献的大小与 I 值成反比：当 I 大

于零（即光走得比c快）时，它指向3点钟的方向；当I小于零时，它指向9点钟。后面这两项贡献在许多场合下都被抵销掉了（见图56）。

3. $E(A$至$B)$的公式是复杂的，但有个很有趣的方式可以解释它到底是什么。$E(A$至$B)$可以表示为一个电子从时空图中的点A到点B的许多不同方式的和，这个和非常大（见图5）：电子能够来个"一步飞"，从A直达B；能来个"两步飞"，在中间某点C停一下；也能"三步飞"，在D、E两点稍事停留，等等。根据这个分析，每一步（从一点F到另一点G）的振幅是$P(F$至$G)$，这和光子从点F至点G的振幅是相同的。每一"停"的振幅可由n^2描述，n和我曾提到过可用来使计算得出正确结果的那个n是同一个数。

所以，$E(A$至$B)$的公式是一系列的项：$P(A$至$B)$【"一步飞"】$+P(A$至$C)\times n^2 \times P(C$至$B)$【"二步飞"，在C处停一下】$+P(A$至$D)\times n^2 \times P(D$至$E)\times n^2 \times P(E$至$B)$【"三步飞"，在D和E处停一下】$+\cdots\cdots$对所有可能的中间点C、D、E，等等。

注意当n变大时，那些非直接路径可以对最终箭头做较大贡献，当n为零（如光子）时，所有带n的项都销掉了（因为它们也都等于零），只剩下第一项$P(A$至$B)$，这样，$E(A$至$B)$同$P(A$至$B)$就密切相关了。

4. 这个数，即发射或吸收一个光子的振幅，有时就叫作一个粒子的"电荷"。

5. 如果把电子的极化效应考虑在内，这"第二方式箭头"就应该被减去——即转180° 再相加。（这一讲后面还要再详细讲讲这个问题。）

6. 这两个作用方式较复杂的实验的最终状态与最初讲的那两种作用方式较简单的状态（电子始于点1和2，终止于点3和4）相同，这样，这复杂些的状态同当初那两个就区分不开了。所以，我们必须把这两种方式的箭头与前面那两种方式的箭头加起来。

7. 这类在实验的最初或最后状态决不真正出现的被交换的光子，有时叫作"虚光子"（virtual photon）。

8. 1931年狄拉克提出存在着"反电子"，第二年C.安德逊（Carl Anderson）在实验中发现了这种粒子并称之为"正电子"。今天已经很容易造出"正电子"（例如，让两个光子对撞），并用磁场将其保持数周之久。

9. 光子交换的振幅是$(-j) \times P(A \text{至} B) \times j$——两个耦合及光子从一处运动到另一处的振幅。质子与光子有一个耦合的振幅是$(-j)$。

10. 弧的半径显然取决于每一薄层箭头的长度，这个长度最终由玻璃原子中的电子散射光子的振幅S来决定。计算这个半径时，可将三个基本作用的公式用于大量有关的光子交换，然后将振幅加起来。这是个相当困难的问题，但是对于相对简单的物质，半径计算是很成功的。运用量子电动力学的观点，半径随物质不同而不同是很好理解的。但是必须说明，还从来没有对于像玻璃这样复杂的物质从最基本的原理出发作过直接的计算。在这类情况下，半径是由实验决定的。对于玻璃，实验确定的半径是大约0.2（当光以直角直接照射玻璃时）。

11. 各层反射箭头（它们组成一个"圆"）的长度和使得透射的最终

箭头多旋转一些的那些箭头长度相同。所以，在物质的部分反射和它的折射率之间是有联系的。

　　看起来最终箭头的长度变得大于1了，这意味着从玻璃出来的光要比进去的光还多！之所以看来如此，是因为我忽略了一些振幅——如一个光子下到一层，一个新光子散射上来到另一层，然后第三个光子散射返下来通过玻璃，还有一些产生更复杂情况的可能性——结果有一些小箭头弯转回来，使得最终箭头保持在0.92和1之间（所以光被这层玻璃反射和透射的可能性的总和永远是100％）。

第4章

松散的结尾

我打算把这一讲分为两部分。第一部分，我准备讲讲同量子电动力学理论本身有关的问题，这里假定这个世界上存在的全部东西就是电子和光子。然后我将谈谈量子电动力学同物理学其他部分的关系。

量子电动力学最令人惊骇的特点是它那古怪得要命的振幅结构。你也许会以为这里隐含着什么问题！但是物理学家摆弄振幅已经有五十多年，对它已经很习惯了。而且，我们所能观察到的全部新粒子和新现象，都与振幅结构所能推导出来的每个结果（如干涉等等）符合得极好。根据振幅结构，一个事件的概率是代表该事件的最终箭头平方，而最终箭头的长度取决于诸箭头以有趣的方式的合成。这样看来，振幅结构在实验上是毫无问题的：你尽可以从哲学上为振幅到底意味着什么（如果，它们的确意味着什么的话）而伤脑筋，但是由于物理学是一门实验科学，只要这个结构同实验相符合，对我们来说，它就足够好了。

有大量问题同量子电动力学理论有关，所以需要提高计算所有小箭头之和的本领——对不同情况下处理问题的行之有效的不同技巧——这使研究生需要花费三四年的时间才能掌握它们。这些只是技术上的问题，所以我不打算在这里讨论。只要不断改进分析这个理论在各种不同的情况下须具体讲些什么的技术就行了。

但是，另外有一个表征量子电动力学本身特点的问题，人们花了二十年的时间才将它解决。它同理想电子和光子以及数 n 与 j 有关。

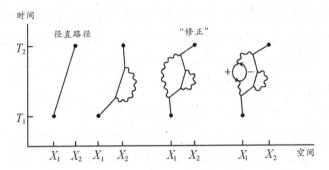

图 77 在计算电子在时空图上从一点到另一点的振幅时，对于径直到达的情况我们用公式 E（A 至 B）。（然后我们再作"修正"，把一个或多个光子被发射和吸收的情况包括进来。）E（A 至 B）取决于（X_2-X_1）、（T_2-T_1）和 n，n 是我们为使答案正确而塞到公式里面的一个数。数 n 被称为"理想"电子的"静止质量"，它不可能由实验测定，因为真实电子的静止质量 m 包含了所有的"修正"。计算用于公式 E（A 至 B）的这个数 n 相当困难，用了二十年才解决。

如果电子是理想电子，而且在时空图中从一点至另一点只走直线（见图 77 左），那就什么问题都没有了：n 就是电子的质量（我们可通过观测确定这个量），j 就是它的"电荷"（电子同一个光子耦合的振幅），也可由实验来确定。

但是，这样的理想电子并不存在。我们在实验室观测到的质量是真实电子的质量，这些电子不时发射和吸收它自己的光子，因而质量取决于耦合振幅 j。我们观测到的电荷则介于真实电子和真实光子（它随时有可能形成电子－正电子对）之间，因而它取决于 E（A 至 B）。这个 E（A 至 B）包含数 n（见图 78）。由于电子的质量和电荷受这些以及所有其他可选路径的影响，实验上测定的电子质量 m 和电子电荷 e 均不同于我们计算中用的数 n 和 j。

如果在 n 和 j 与 m 和 e 之间存在着确定的数学关系，那还是没有问题的：我们可以从简单的计算我们所需要的 n 和 j 值开始，然后得到观测值 m 和 e。（如果计算值同 m 和 e 不符，我们会把最初的 n 和 j 稍稍动一动，直到同实验值吻合为止。）

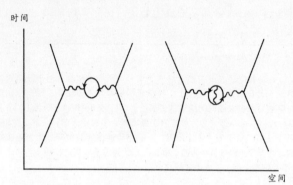

图78　实验上测定的一个电子与一个光子耦合的振幅，即那个神秘的数 e，是由实验确定的一个数，它包含了一个光子在时空图中从一点至另一点的全部"修正量"，图中示出其中的两个。在计算时，我们需要一个数 j，它不含这些"修正量"，而只含光子从一点直接至另一点的振幅。计算这个 j 值所遇到的困难与计算 n 值的困难很类似。

现在来看看我们实际上是怎样计算 m 值的。先写出一系列的项（多少有点类似我们以前看到的一系列关于电子磁距的项）：第一项没有耦合——就只是 $E(A 至 B)$，它代表一个理想电子在时空图中从一点径直到达另一点。第二项有两个耦合，代表有一个光子被发射并吸收。接下去的项则分别是有四、六、八个耦合，等等（一些这类修正示于图77）。

在计算带耦合的项时，我们必须（一如既往地）把所有可能发生耦合的点都考虑在内，直到耦合的两点重叠在一起——即它们之间距离为零。问题在于，当我们的计算试图把直到距离为零的所有情况都包括在内时，这方程在我们面前爆炸了，它给出毫无意义的结果——类似于无穷大之类的东西。在量子电动力学开始创立时，这个问题使它陷入巨大的困境。人们无论计算什么问题，所得的结果都是无穷大！（为了数学上的一致性，人们在计算时应该能够计及零距离。但是，就是在零距离上不存在有任何意义的 n 或 j。这就是麻烦所在。）

好，这回我们的计算不把直至零距离的所有可能耦合的点全都包括进来，而止于相互间距离相当小的耦合点——例如说 10^{-30} 厘米，比实验上观测的任何量（目前为 10^{-16} 厘米）还小万亿倍，这样，我们要用到的 n 和 j 都会有确定的值，计算出来的质量可同实验上观测到的 m 值相比，计算出来的电荷可同实验上观测到的 e 值相比。不过，还是有问题！如果另外有人一道工作，他们把计算止于一个不同的距离——比如说 10^{-40} 厘米，结果他们所得到的 n 和 j（为算出同样的 m 和 e 而需要的）是不同的。

二十年以后，1949年，H.贝特（Hans Bethe）和 V.韦斯科夫（Victor Weisskof）注意到这样一件事：如果有两个人，取不同的终止距离，由同一 m 和 e 去确定 n 和 j，然后用所得的 n 和 j 去解决另外某个问题——他们各自采用适合于自己然而彼此不同的 n 和 j 值，在将所有项的所有箭头都包括在内之后，他们对这"另外某个问题"的答案竟几乎是相同的！事实上，在计算 n 和 j 值时所取终止距离同零距离越接近，对这个问题的最终答案就会同实验符合得越好。为了进一步证实这点，施温格、朝永振一郎和我三个人分别独立地发现了进行有限计算的方法（我们为此而获奖）。人们终于能够用量子电动力学理论进行计算了。

所以，看来取决于耦合点之间小距离的只是 n 和 j 的值——这是两个无论如何不能直接观测的理论值，而所有其他的可观测量，看来都不受影响。

　　我们为求出 n 和 j 所玩的壳层游戏，在专业上叫作"重正化"。但是，不管这个词听来多聪明，我却说这个过程是蠢笨的！求助于这类戏法妨碍了我们去证明量子电动力学在数学上的自洽性。令人不解的是，尽管人们用了各种办法，这个理论至今仍未被证实是自洽的；我猜想，重正化在数学上是不合法的。我们还没有一种好的数学方法描述量子电动力学，这是肯定的——像这样描述 n、j 同 m、e 之间关系的语言不是好的数学。[1]

　　有一个很深刻、很漂亮的问题，它同可观察的耦合常数 e（真实电子发射或吸收一个真实光子的振幅）有关。e 是个很简单的数，实验上确定它接近于 -0.08542455。（我的物理学朋友们不承认这个数，因为他们喜欢把 e 记成这个数的平方的倒数：约 137.03597，不定度是小数点后最后一位大约 2。这个数字自五十多年前发现以来一直是个谜，所有优秀的理论物理学家都将这个数贴在墙上，为它大伤脑筋。）

　　你们立刻就想知道这个用于耦合的数到底从什么地方来的，它是与圆周率 π 有关呢，还是同自然对数的基 e 有关呢？没人知道！它是物理学中最大的谜之一，一个该死的谜：一个魔数来到我们身边，可是没人能理解它。你也许会说"上帝之手"写下了这个数字，而"我们不知道他是怎样下的笔"。我们知道实验上怎样摆弄就能把这个值测定得很精确，但我们不知道在电脑上怎样摆弄才能把这个数堂堂正正地算出来！

　　一个好的理论也许会说 e 是 2π 与 3 的平方根之积再除 1，等等诸如此类的东西。经常不断就有建议提出来，说 e 应该是什么什么，但没有一个是有用的。A. 爱丁顿（Arthur Eddington）第一个用纯逻辑证明物理学家所喜欢的这个数肯定精确地为 136，这是那时的实验值。后来当更精确的实验表明这个值接近于137时，爱丁顿于是发现他早期的讨论中有个小错误，并再一次用纯逻辑推出，这个值肯定是整数137！每一次，总有什么人注意到π值同e（自然对数之基）值的某种组合，或2和5的某种组合能给出这个神秘的耦合常数。有一个事实为那些摆弄代数的人所不喜欢，那就是用π值和e值等数值所能造出来的数之多，简直会让你吃惊。这样，在整个现代物理学史上，关于制造一个精确到小数点后面几位的e的论文可说是连篇累牍，只是它们一次又一次被下一轮改进了的实验证明它们同实验值不符。

尽管我们今天不得不借助于蠢笨的程序来计算j值，但是有可能在将来的某一天，人们发现了j和e之间合理的数学联系。那就意味着j是那个神秘的数，从j再求出e，到那时，毫无疑问，又会有另一批论文出来告诉我们如何"赤手空拳"凭空计算出j，例如说，提出j是4π分之一，等等。

与量子电动力学有关的问题到这里就全部讲完了。

在准备这个讲座时，我原想只讲讲物理学中我理解得最好的这部分，把它讲透彻了，不讲其他。现在我们已经把这部分全讲完了，但是作为一个教授（这就意味着总习惯于讲呀讲，不会适可而止），我还是禁不住要给你们讲讲物理学的其余部分。

首先，我必须立即声明，物理学的其他部分可远不像量子电动力学这样得到那么好的验证：我准备给你们讲的内容里，有的是些好的猜测，有的是半截子理论，另一些则是纯思辨。所以这一讲和其他几讲比起来会显得有点乱，也不完善，很多细节都省略了。但是，说到头来正是量子电动力学的理论结构为描述物理学其余部分的其他现象提供了极好的基础。

　　我先讲讲构成原子核的质子和中子。在质子和中子被发现之初，人们都认为它们是简单粒子，但很快发现它们并不简单——这里说的"简单"，意思是它们从一点至另一点的振幅都可以用公式 E（A 至 B）来解释说明，只是二者各用不同的 n。例如，质子的磁矩，如果用和电子同样的方法来计算，应当是接近1，但事实上，实验的结果却非常奇怪，竟是2.79！这样，人们很快就认识到，质子内部有什么过程在进行，还没有被量子电动力学的方程计算在内。还有中子，如果确实是中性的话，应该完全没有磁相互作用，可它的磁矩大约为-1.93！这样，大家都早已知道中子内部也有什么可疑的活动。

　　还有一个问题就是，在核内到底是什么东西把中子和质子束缚在一起。人们当时就认识到这不可能是光子的交换，因为把核子束缚在一起的力要强得多——打碎一个核所需的能量要比把一个电子从原子里敲出去所需的能量多得多，这两个能量之比同原子弹的破坏力与炸药的破坏力之比是一样的：炸药的爆炸是电子图形的重新安排，而原子弹的爆炸则是质子-中子图形的重新安排。

　　为了了解到底是什么把核子束缚在一起，人们做了很多实验，将能量越来越高的质子射向原子核。人们预期的是只有质子和中子被打出来。但是，当能量足够大时，新粒子出来了。首先是 π 介子，然后是 λ 超子，Σ 超子，ρ 介子，它们把字母表都占用完了。接着出来的粒子带上了数目字（它们的质量数），例如 Σ1190 和 Σ1386。很快，事情清楚了：世界上的粒子的种数尚无尽头，它取决于打碎原子核所用能量的大小。

目前已有400种以上这类粒子。我们不可能接受400种粒子；那也太复杂了！[2]

像M.盖尔曼（Murray Gell-Mann）这样伟大的创造者都像是发了疯一样极力试图找出所有这些粒子的行为规则。20世纪70年代初，他们提出了强相互作用的量子理论（或叫作"量子色动力学"）。它的主要角色是叫作"夸克"的粒子。所有那些由"夸克"组成的粒子可分成两类：有些粒子，如质子和中子，是由三个夸克组成的，而且有个可怕的名字，叫"重子"；另外一些粒子，如π介子，则是由一个夸克和一个反夸克组成的（名为"介子"）。

现在我来按今天我们所了解的基本粒子的情况做个基本粒子表（见图79）。我将从在时空图中两点间按公式 $E(A至B)$——用与电子同样的极化规则加以修正——运动的粒子开始，它们叫"自旋1/2"的粒子。这类粒子中的第一名是电子，它的质量数是0.511，单位是我们一直沿用的，叫作百万电子伏（MeV）。[3]

在电子下面，我要留一个空位（以后填上），这个空位的下面我列上两类夸克——d夸克和u夸克，这两种夸克的质量还知道得不确切：一个较好的估计是，每一种都大约是10 MeV。（中子比质子稍重一些，看来这暗示——等一下你将会看到——d夸克比u夸克要稍重一点。）

在每个粒子的旁边，我都以 $-j$（它跟电子与光子的耦合数相同，但符号相反）为单位列出它的电荷或耦合常数。这样，电子的电荷将为 -1，这与从B.富兰克林（Benjamin Franklin）开始一直延续下来的习惯用法是一致的。对d夸克来说，同一个光子耦合的振幅是−1/3，对u夸克，它是+2/3。（如果B.富兰克林早知道有夸克这回事，他可能会把一个电子的电荷定为至少是−3！）

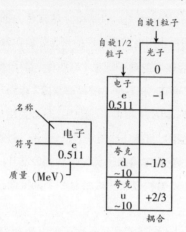

图79　我们这个世界粒子总表从自旋1/2粒子开始：电子（质量为0.511MeV），以及两种"味"的夸克d和u（二者质量均为10MeV）。电子和夸克都有"电荷"，那就是说它们都同光子耦合，耦合量分别为（以耦合常数−j为单位）：−1，−1/3，+2/3。

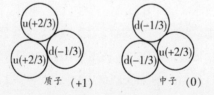

图80　所有由夸克组成的粒子可分为两大类：一类由一个夸克和一个反夸克组成，一类由三个夸克组成，质子和中子就是由三夸克组成的最普通的例子。d、u夸克电荷的搭配，使质子电荷为1，中子电荷为零。质子和中子由（在它们里面到处运动的）带电粒子组成这个事实给我们一个线索去解释：为什么质子的磁矩大于1，而设想是中性的中子有磁矩。

现在，质子的电荷为 +1，中子的电荷为 0。摆弄摆弄数字，你就可以看出，一个由三个夸克构成的质子肯定是两个 u 和一个 d，而也由三个夸克构成的中子则肯定是两个 d 和一个 u（见图 80）。

是什么把夸克维系在一起呢？是光子的来回穿梭吗？（因为一个 d 夸克的电荷为 -1/3，一个 u 夸克为 +2/3，夸克像电子一样，发射和吸收光子。）不，这种电力太微弱了，根本不能把夸克束缚住。人们想象出另一种东西往复穿梭把夸克维系在一起，它叫作"胶子"。[4] "胶子"是另一类所谓"自旋 1"的粒子（像光子一样）。它们在时空图上从一点运动到另一点的振幅由同光子完全一样的公式 $P(A至B)$ 精确地确定。胶子为夸克所发射和吸收的振幅是一个神秘的数 g，它比 j 要大得多（见图 81）。

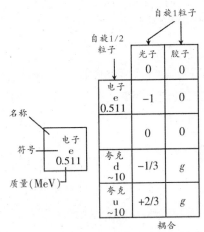

图 81 "胶子"把夸克维系在一起组成质子和中子，它是质子和中子能把它们自己束缚在原子核内这个事实的间接原因。胶子维系夸克的力比电力强得多。胶子的耦合常数 g 远大于 j，这使得对它们耦合项的计算要困难得多：到目前，我们所期望的最好的精确度也只达 10%。

我们画的夸克之间交换胶子的图同我们以前为电子之间交换光子所画的图很相像（见图82）。事实上，这两个图太相像了，以至你们可能认为物理学家实在缺乏想象力，对于强相互作用，他们也只能照搬量子电动力学的理论！不错，你们说对了，我们正是这样做的，不过新花样还是稍微有一点！

图82 这是两个夸克能交换一个胶子的一种方式，此图看来同两个电子交换一个光子的图太相似了，你也许以为物理学家照搬量子电动力学的理论来处理把质子和中子内的夸克维系在一起的"强相互作用"。不错，他们——几乎——就是这么干的。

夸克还有另一类极化，它同几何学无关。这些白痴物理学家（他们再也创造不出古希腊那样优美的词汇）给这类极化起了个不幸的名子，叫"色"，实际上它与通常意义上的颜色毫无关系。在一个特定的时刻，一个夸克可以处于三种状态——或者说三种"色"——R、G或B（你能猜出它们是指什么吗）中的任何一种*。夸克在发射或吸收一个胶子时，它的"颜色"会改变。根据不同色的夸克之间的耦合，胶子可分为八类。例如，一个红夸克如果变为绿的，它会发出一个红–反绿胶子——这是一种从红夸克中取出红并赋之以绿的胶子（"反绿"的意思是在反方向带绿的胶子）。这种胶子被绿夸克吸收，于是这绿夸克变

---

* R，取自"Red"（红的）字头；G，取自"Green"（绿的）字头；B，取自"Blue"（蓝的）字头。——译注

为红的（见图83）。有8种不同的可能的胶子，如红–反红，红–反蓝，红–反绿，等等（你恐怕想到应该共有9种，由于专业上的原因，有一种给略掉了）。这个理论不很复杂。胶子的全部规则是：胶子同有"色"的东西耦合，它唯一需要的就是做点儿簿记工作，记下这些"色"运动的踪迹。

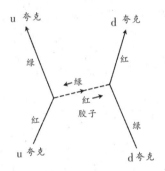

图83　胶子理论与量子电动力学不同之处在于胶子是同所谓"带色"的东西（处于"红""绿""蓝"这三种可能的状态之一）耦合。这里是一个红u夸克发射出一个红–反绿胶子变为绿u夸克，而一个绿d夸克吸收了这个红–反绿胶子变为红d夸克。（如果"色"在时间上反向倒行，这个"色"的前面就加"反"字。）

但是，这个规则会带来一个很有意思的可能性：即胶子能够同其他胶子耦合（见图84）。例如，一个绿–反蓝胶子碰上一个红–反绿胶子，结果是一个红–反蓝胶子。胶子理论很简单——你就画个图，跟着"色"走就行了。在所有的图中，耦合强度都由胶子的耦合常数g来确定。

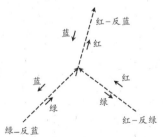

图84　由于胶子本身是带"色"的，它们彼此间能够耦合。这里是一个绿–反蓝胶子同一个红–反绿胶子组成一个红–反蓝胶子。胶子理论很容易理解，你只要跟着"色"走就行了。

　　胶子理论在形式上确实同量子电动力学没有什么大不同。那么，它同实验比较怎么样呢？例如，质子磁矩的观测值同它的理论计算比较，怎么样呢？

　　实验是很精确的——它们表明质子磁矩是2.79275。在最佳情况下，理论只能给出2.7加减0.3，——如果你对你的分析结果非常乐观的话，那么我告诉你，10％这个误差比实验的精确度差了一万倍！我们有一个简单明确的理论，设想用它可以解释质子和中子的所有性质，但我们这个理论不能用来做任何计算，因为它需要的数学对我们来说太难了。（你们大概能猜得出，我现在正在做什么工作，以及我的工作毫无进展。）我们的计算之所以精确度不够高，是因为胶子的耦合常数 g 比电子的耦合常数大得多。带两个、四个，甚至六个耦合的项并不是对主振幅的小小修正；它们对结果有不可忽视的重要贡献。这样，就有代表许多不同可能性的许多箭头，而我们还不能用一种合理的方法把最终箭头找出来。

　　书上通常说，科学是简单的：你造个理论，拿它和实验比较；如果理论不灵，你就抛弃它再造个新的。这里我们有明确的理论，也有数以百计的实验，但我们没法进行比较！这种情况在物理学史上还从来没有过。我们暂时陷入困境，提不出什么计算方法。我们是叫这些小箭头给镇住了。

　　尽管理论的计算上有困难，但我们在定性上对量子色动力学（夸克与胶子的强相互作用）确实还是有些理解。我们见到的由夸克构成的物体都是"色"中性的：三个夸克一组的都包含三色夸克各一个；而夸克-反夸克对为红-反红，绿-反绿，蓝-反蓝的振幅则是相同的。

我们也理解为什么夸克永远不可能作为单个粒子给产生出来——为什么无论以多大能量的核去轰击质子，出来的也不是单个的夸克，我们所见到的是一股介子和重子（夸克–反夸克对及三夸克组）喷出来。

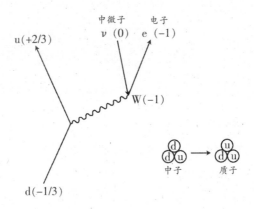

图85　当一个中子衰变为一个质子（所谓的"β衰变"过程）时，伴随着一个电子和一个反中微子释放出来而发生的唯一变化就是一个夸克变了"味"——从d变到u。这个过程发生得相当慢，所以，假设有一个具有很高的质量（约80000MeV），电荷为–1的中间粒子（称作"W–中间–玻色子"）。

量子色动力学和量子电动力学并没有把物理学囊括无遗，根据这两个理论，一个夸克不能改变它的"味"，就是说，一旦是u夸克，就永远是u夸克；一旦是d夸克，就永远是d夸克。可是，自然界有时并不照此办理，有一种进行得很慢的放射现象，叫作β衰变（就是人们担心从核反应堆里泄漏出来的那种东西），它涉及一个中子转变为质子的过程。由于中子包含两个d类夸克和一个u类夸克，而质子包含两个u类夸克和一个d类夸克，所以实际发生的事情是中子内的一个d类夸克变成了u类夸克（见图85）。发生的过程是这样的：d夸克发射出一种类似光子的新东西叫作W，它可与电子及另一类新粒子（叫作反中微子，即时间上倒行的中微子）耦合。中微子是另一类自旋1/2的粒子（像电子和夸克一样），但它没有质量，也没有电荷（它不同光子作用）。它也不同胶子作用，而只同W耦合（见图86）。

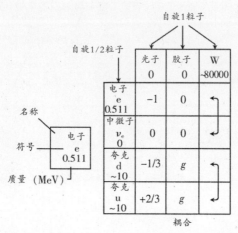

图86　W同电子和（或）中微子耦合，另外也同d和（或）u夸克耦合。

W是自旋1的粒子（和光子及胶子一样）。它改变一个夸克的"味"，并取走它的电荷，如将电荷为−1/3的d夸克变成电荷为2/3的u夸克，电荷改变了-1。（它不改变夸克的"色"。）由于W⁻取走−1的电荷（它的反粒子W⁺，取走+1的电荷），它也能同光子耦合。β衰变用的时间要比光子和电子相互作用的时间长得多，所以人们自然设想W与光子和胶子不同，它的质量一定非常大（约80000MeV）。[5]我们还不能看见单独的W，因为把一个质量如此大的粒子敲出来需要非常高的能量。

还有一种粒子，我们可以把它看作是中性W，叫作Z_0。Z_0不会改变夸克的电荷，但它却同d夸克、u夸克、电子及中微子耦合（见图87）。这种相互作用有个让人产生误解的名字"中性流"，几年以前它被发现时，曾激起一大阵的兴奋激动。

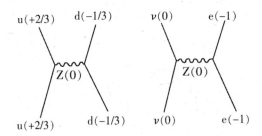

图87　如果任何一个粒子的电荷都不变的话，W 也没有电荷（这时的 W 称为 Z）。这种相互作用叫作"中性流"，这里示出两种可能性。

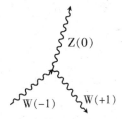

图88　W（−1），它的反粒子 W（+1）和中性 W（Z_0）之间能够耦合。W 的耦合常数与 j 很接近，这暗示了 W 和光子可能是同一种东西的不同侧面。

　　如果你认定三种类型的 W 之间有三种耦合方式，那么 W 理论就是一个干净漂亮的理论（见图88）。W 的耦合常数的观测值同光子的非常接近——就在 j 的附近。所以，很有可能这三种不同的 W 和光子是同一种东西的不同样子。S. 温伯格（Stephen Weinberg）和 A. 萨拉姆（Abdus Salam）曾努力将量子电动力学同所谓的"弱相互作用"（同 W 的相互作用）综合为一种量子理论，而且他们成功了。但如果你们看一眼他们得出的结果，就会感觉像是在看（打个比方吧）一团黏胶一样，难以理清线索。显然，光子和三种 W 有着某种内部联系，但是在目前的理解水平下，这种联系还很难看得清楚——在这些理论中，你仍然可以见到"看来似乎是"这类字样；这些理论还没有推敲好，还没有把这些联系润色得更漂亮一些——因而可能更正确一些。

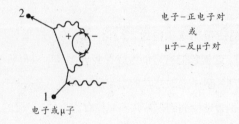

图89 以能量越来越高的质子轰击核子时，新的粒子出现了。其中一种叫μ子，或重电子。描述μ子相互作用的理论同描述电子的完全一样，只是需将一个较大数值的n代入E（A至B）。μ子的磁矩应与电子磁矩稍有不同，这是由于存在着两个特定的选择：当一个电子发射一个光子，这个光子蜕变为一个电子-正电子对，或一个μ子-反μ子对时，它们的质量分别接近于或大大重于那个初始电子的质量；反之，当μ子发射一个光子，而这个光子蜕变为一个正电子-电子对或一个μ子-反μ子对时，它们的质量分别接近于或大大轻于初始μ子的质量。实验证实了这个微小的差别。

总之，你们看，量子理论有三种主要的相互作用——夸克和胶子的"强相互作用"，W的"弱相互作用"，以及光子的"电相互作用"。根据这个图像，世界上仅有的粒子就是夸克（有u和d两种不同"味"的夸克，每种又分为三种不同的"色"）、胶子（R、G、B的8种组合）、W（带电荷±1和0）、中微子、电子和光子——共6类约20种不同的粒子（再加上它们的反粒子）。情形看来不坏——大约有20种不同的粒子——只是事情还没完。

在用能量越来越高的质子轰击原子核时，新的粒子还是不断出现，其中一种叫作μ子，它在一切方面都像电子，只是质量要大得多——105.8MeV，同电子质量0.511比起来，它要重206倍。情况真好像是上帝就想给质量试验试验不同的数。μ子的所有性质全可以由量子电动力学理论描述出来——耦合常数 j 同电子是一样的, $E(A$ 至 $B)$ 也是一样的；你唯一要做的是把不同的 n 值代进去。[6]

由于 μ 子的质量比电子重约 200 倍, μ 子的秒表指针比电子的也转得快 200 倍。这使我们有可能检验在距离比我们以前所能达到的小 200 倍的情况下, 量子电动力学的理论是否仍然有效——虽然这个距离比起这个理论恐怕会遇到无穷大问题的距离仍大 10^{80} 倍。(见 149 页的注释[1])

我们已经知道一个电子可以和一个 W 耦合 (见图 85)。当一个 d 夸克放出一个 W 而变为 u 夸克时, 这个 W 可否不同电子耦合, 而同 μ 子耦合呢?可以 (见图 90)。那么反中微子怎么样呢?在 W 同 μ 子耦合的情况下, 一种叫作 μ⁻ 中微子的粒子取代了普通中微子 (现在我们要把它叫作电子–中微子)。这样, 现在我们的粒子表上紧挨着电子和中微子的地方又多了两种粒子——μ 子和 μ⁻ 中微子。

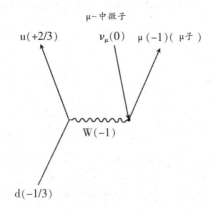

图 90　W 有发射一个 μ 子 (而不是电子) 的振幅, 在这种情况下, μ⁻ 中微子取代电子–中微子的位置。

那么夸克怎么样呢？从很早的时候起，人们就知道有一些粒子是由比u和d还重的夸克构成的。这样，第三类夸克就进入了基本粒子的行列——它叫作s，s是取自"strange"（奇异）的字头。这个s夸克的质量约为200 MeV，相比之下，u和d夸克只有大约10 MeV。

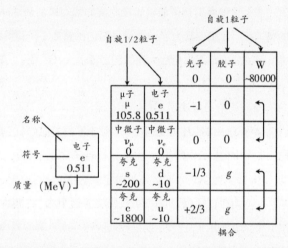

图91 看来自然界是在重复自旋1/2的粒子。除了μ子和μ 中微子以外，还有两种新夸克（s和c），它们同旁边一行位置相应的粒子相比，电荷相同，质量则重得多。

有许多年我们一直以为只有三种"味"的夸克——u、d和s，但在1974年，一种叫作ψ子的新粒子被发现了，它不能由这三种夸克组成。不过那时也有个很好的理论上的论据说，非存在第四种夸克不可，这种夸克同W耦合变为s夸克，就同u与d跟W耦合的情况一样（见图91）。这种夸克的"味"叫作c，至于这个c是指什么*，我可没有勇气告诉你们，好在你们可以去看报纸。名字是越起越糟了。

---

* c取自"charm"（妩媚，迷人）的字头。——译注

　　具有相同性质但质量要重得多的粒子的不断出现，是个完全不可思议的谜。这个图像的这种奇怪重复是怎么回事呢？正像拉比（I.I.Rabi）教授在发现μ子时所问的："是谁命令它们这样的？"

　　最近，另外一轮重复开始了。在我们把能量提得越来越高时，看起来自然界是在不断地把这些粒子重叠架高，好像要让我们陶醉似的。我必须把这些讲清楚，因为我想让你们知道自然界实际看上去是多么明显地复杂。如果我给你们这样一个印象，由于这个世界上同电子和光子有关的现象我们已解决了99%，那么剩下的1%只需再有另外的1%的粒子来解释就足够，那就全错了。实际上要解释这1%的现象，我们需要另外多用十倍、二十倍的粒子。

　　好，让我们再往前看，随着在实验中使用甚至更高的能量，我们发现了一个甚至更重的电子 —— 名为τ子，它的质量是1800 MeV，有两个质子那么重！从这个粒子自然推断出有τ中微子存在。现在又发现了另一个有趣的粒子，这意味着存在一种新"味"的夸克 —— 这次叫它"b"["beauty"（美丽）的字头]，它的电荷为 -1/3（见图92）。好了，现在我想请你们暂时变成一个高水平的基础理论物理学家，请你们预言一下：下一个新味的夸克将被发现，它叫作"＿＿＿"（取自"＿＿＿"的字头），它的电荷是＿＿，质量是＿＿MeV，而我们当然希望你的预言是对的，这种夸克确实存在！[7]

　　在这期间，实验还一直在进行，看这个循环是否还能再重复。目前正在建造各种机器来寻找甚至比τ子还重的电子。如果这个假想的粒子质量是100000 MeV，我们的机器可造不出这么重的粒子。但如果它是40000 MeV左右，这些机器就有本领把它造出来。

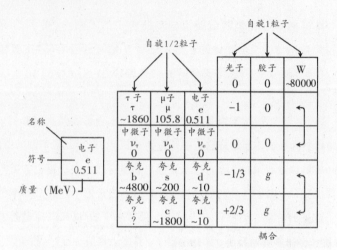

图92 这里我们又重来一遍！自旋1/2粒子在能量甚至更高的基础上开始
了另一轮的重复。如果发现一个粒子，它所具有的性质隐含着一种新
夸克的存在，那么这一轮重复就算完成了。在此期间，寻找在甚至更
高能量基础上的另一轮重复的准备工作又开始了。至于到底是什么东
西导致这样的重复，则完全是个谜。

对于理论物理学家来说，这种不断重复的循环真有趣极了：大自
然给我们出了这么美妙的智力测验题！大自然，她为什么要重复地造出
质量为206倍、3640倍的电子呢？

现在我想讲最后一个问题，这样，关于粒子的问题就讲完整了。虽
然d夸克同W耦合会变成u夸克，但它还有一个可变为c夸克的小振
幅。u夸克虽然可变成d夸克，但它还有一个小振幅可以变为s夸克，
甚至还可以一个更小的振幅变为b夸克（见图93）。这样，W就把事情
"弄糟"了，它使得夸克可从表中的一行跳到另一行。为什么这些夸克
拿出相当比例的振幅变为另一种夸克，这我们完全不知道。

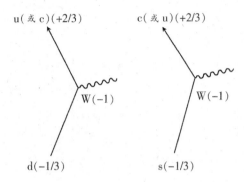

图93　d夸克（除可变为u夸克外）还有一个很小的振幅变为c夸克，s夸克（除可变为c夸克外）还有一个很小的振幅可变为u夸克，两种情况下，都将释放出一个W。所以看来W能够通过改变夸克的味，将表中一行的夸克变为另一行的夸克。（见图92）

　　好了，量子物理的其余部分我都讲完了。它真是混乱得可怕，你可能会说物理学把自己引入了混乱的绝境，但事情从来就一贯如此。自然界一直就是看起来乱得吓人，但随着我们的前进，就会看到成形的图像，我们也随之把理论综合在一起，这样，一定程度的清晰就会出现，事情就变得简单一点。我刚才给你们描述的混乱状况要比十年前（如果那时我给你们讲这个题目的话）的混乱小得多了，那个时候我要讲400多种粒子。再想想20世纪初的那个混乱情况吧：那时有热、磁、电、光、X射线、紫外线、折射率、反射系数，以及各种不同物质的一大堆其他性质，而自那以来，我们已经把所有这些纳入了一个理论：量子电动力学。

　　有个问题我想着重讲几句。物理学其余部分的那些理论同量子电动力学的理论很相像：它们都把自旋1/2的物体（如电子和夸克）同自旋1的物体（如光子、胶子、W等）的相互作用纳入振幅结构之内，根据这个结构，一个事件发生的概率就是代表这个事件的箭头长度的平方。为什么物理学所有这些理论在结构上这样相像呢？

有几种可能性。第一是物理学家的想象力有局限：在看待一个新现象时，我们总是试图把它纳入已有的框框里去，直到实验相当多了，我们才会发现旧框框已经不灵了。有个愚蠢的物理学家1983年在加利福尼亚大学洛杉矶分校上课时曾说："这就是自然界的工作方式。这些理论看起来是多么奇妙的相似啊！"虽然他是这么说，但理论的相似并不是因为自然界实际上真的相似，而是因为物理学家只会这么该死地一而再、再而三地以同样的方式想事情。

还有一种可能性是，它确实就是这么个一再重复的相同的玩意儿——就是说，自然界办事情就这么一种方式，没完没了地重复她的这点子事。

第三个可能性是，事情看起来相似是因为它们是同一个事物——一个较大的背景图像的各不同的方面，这个较大的图像分裂成各不同的部分，就使得事情看起来不相同，就像一只手上的几个手指头一样。许多物理学家正在非常勤奋地工作，以期拼凑出一个大图像，它能将所有的一切统一于一个博大恢宏的模式之中。这是一个令人神往的追求目标，但是关于这个大图像是什么样子，目前没有一个思辨家同任何另一个思辨家能想到一起去。如果我说这些思辨理论中的大多数并不比你们关于t夸克可能性的猜测深刻，如果我向你们保证他们对t夸克质量的估计也不会比你们的好，这种说法即使是稍稍有一点夸张，也不会太离谱。

例如，看起来电子、中微子、d夸克和u夸克它们都是挺有缘分

的 —— 的确，前两者可同 W 耦合，后两者也是如此。现在人们一般认为夸克只能改变它的"色"和"味"，但是也许夸克在同一种尚未发现的粒子耦合时，能衰变为中微子。这真是个好主意!那么会怎么样呢?这意味着质子是不稳定的。

有人提出这么一个理论：质子是不稳定的。他们做了个计算，并发现宇宙中将不再存在质子了!他们于是摆弄数字，令新粒子有较高的质量，在做过许多努力之后，他们就预言质子将以某一速率衰变，而他们所预言的速率要略小于实验上最新测定 —— 其测定值说明质子至少不会以这个速率衰变 —— 的速率。

在一种新的实验和更加仔细地测定质子之后，这些理论就要修正以逃避压力。这些理论在没有退路的背水一战中曾预言了一个质子衰变速率，而最新的一个实验表明，质子不会以比它慢五倍的速率衰变。你们猜，这回怎么着?这长生不死鸟又再一次飞起来，对理论做了新的修正，需要更新的试验检验它。质子究竟是否衰变，现在仍然不得而知。要证明它不衰变，那是很困难的。

在所有这几讲中，我都没有讨论万有引力问题。原因是两物体之间的万有引力作用极其微弱：万有引力比两电子之间的电力要弱1后面40个0（或许是41个0）那么多倍。事实上，几乎所有的电力都用于将电子维系在它们的原子核附近，相互抵销的吸引力和排斥力在这里形成了一个相当平衡的混合体。但万有引力的情况不同，它只有吸引力，随着原子的越来越多，引力就不断地加大，直到最后，硕大的质量到达有我们身体这样重时，我们就可以开始测量万有引力 —— 对行星、对我们自身，等等 —— 的影响。

　　由于万有引力比其他任何相互作用都要微弱得多，所以，要把测量万有引力效应的实验做得精确到需用精致的量子万有引力理论来解释的程度，目前还办不到。[8]不过即使理论尚无法检验，万有引力的量子理论倒是确有几个，它们包含了"引力子"（列在新的一类极化的名下，叫作"自旋2"）和其他一些粒子（其中一些的自旋为3/2）。这些理论中最好的理论也不能把我们已发现的粒子都包括进去，却发明了许多我们并未发现的粒子。万有引力的量子理论也遇到耦合项无穷大的问题，但是，使量子电动力学成功地摆脱"无穷大问题"的那个"癫狂的步骤"却无法解救万有引力的危难。所以，我们不仅没有可以检验量子万有引力理论的实验，就连说得通的理论现在也敬告阙如。

　　综观以上所讲的全部内容，有一个问题还是让人特别不满意，这就是粒子的观测质量 m。至今还没有一个理论能对质量数做出很恰当的解释。我们在所有的理论中都使用质量这个数，但是我们不理解它——它到底是什么，是从哪里来的。我相信，从最基本的观点来看，这是个很有意思、需认真对待的问题。

　　如果这些关于新粒子的推测把你们搅糊涂了的话，我感到很抱歉，不过，我决定给你们讲讲那些定律的特点以结束我对物理学其余部分的讨论，是因为那个特点包括振幅结构、用来表示（被计算的）相互作用的图，等等，看来都与量子电动力学相同，而量子电动力学是好理论的最佳榜样。

注释

1. 描述这个困难的另一个方法是说，关于"两点可以无限靠近"的想法恐怕是错的——即我们可把几何学一直用到最后一道刻痕的假设是错误的，如果我们把两点间的最小可能距离定为小到 10^{-100} 厘米（今天实验上所涉及的最小距离是在 10^{-16} 厘米左右），这样"无穷大"就消失了。好，就算这样吧——但另外一些不协调又出现了：比方，一个事件的总的可能性加起来会略微大于或略微小于100%，或者我们得到无穷小的负能量。也有人提出，这个不自洽的起因是由于我们没有把引力效应计算在内——引力在一般情况下非常微弱，但在这样极小距离上，它变得重要了。

2. 虽然在高能实验中有许多粒子从原子核里面出来，但在低能实验（这是更常见的一般情况）中，人们发现原子核只包含质子和中子。

3. 100万电子伏是很小的，100万电子伏的粒子只有大约 1.78×10^{-27} 克。

4. 注意命名："光子"来自希腊文的"光"字，电子来自希腊文的"琥珀"（电学始于琥珀）。但是随着现代物理学的进展，人们对用希腊文给粒子命名越来越觉得乏味，直到这次，我们索性创造了"gluons"（胶子）这个名字。你能猜出它们为什么叫"胶子"吗？事实上，d和u都是各指一个词，不过，我不想把你们弄糊涂了——一个d（"down"，底）夸克并不在u（"up"，顶）夸克的下面。附带说一句，所谓d、u，指的是夸克的"味"。

5. 在这个讲座之后，实验达到足够高的能量已将W本身产生出来。它的质量很接近理论预测值。

6. μ子的磁矩已测量得非常精确——这个值是1.001165924（不定度为小数点后最后一位9），而电子的磁矩是1.00115965221（不定度为小数点后最后一位3）。你恐怕感到有点奇怪，想知道为什么μ子的磁矩比电子的磁矩稍稍高一点。我们的图中，有一个是表示一个电子发射出一个光子，这个光子又蜕变成一个正电子-电子对（见图89）。也还有另一种可能性，即这个被发射出来的光子形成一个μ子-反μ子对，它比当初的电子对要重。此外，当μ子发射一个光子时，如果这个光子产生一个正电子-电子对，这一对要比当初的μ子对轻，而如果产生一个μ子-反μ子对，它会有同样的质量。量子电动力学能够精确地描述μ子的所有的电性质，就像它描述电子一样。

7. 这个讲座之后，又发现有证据表明存在着一种质量非常高的夸克——t夸克，其质量约为40000百万电子伏。

8. 爱因斯坦和其他一些人曾试图将万有引力理论和电动力学统一起来。这两个理论都只是经典近似，换句话说，他们都不对。这两个理论都没有我们今天认为是必不可少的振幅结构。

附在校样上的注释1984年11月

　　这个讲座之后，在实验中又观测到一些可疑的事件，由此可能很快会发现一些过去想象不到的（因而是这个讲座中未提及的）新粒子和新现象。

附在校样上的注释1985年4月

　　上面提及的那些"可疑事件"现在看来是虚惊一场。到你阅读这本书时，情况无疑还会有变化。物理学中事情变化之快往往超过书籍出版的速度。